安徽财经大学服务安徽经济社会发展系列研究报告

安徽生态文明建设发展报告 2017

——水污染防治专题报告

张会恒　张胜武　等著

合肥工业大学出版社

图书在版编目(CIP)数据

安徽生态文明建设发展报告2017:水污染防治专题报告/张会恒,张胜武等著.
—合肥:合肥工业大学出版社,2017.5
ISBN 978-7-5650-3345-2

Ⅰ.①安… Ⅱ.①张…②张… Ⅲ.①生态环境建设—研究报告—安徽—2017
②水污染防治—研究报告—安徽 Ⅳ.①X321.254②X52

中国版本图书馆CIP数据核字(2017)第081377号

安徽生态文明建设发展报告2017
——水污染防治专题报告

张会恒 张胜武 等著 责任编辑 陆向军 何恩情

出 版	合肥工业大学出版社	版 次	2017年5月第1版
地 址	合肥市屯溪路193号	印 次	2017年5月第1次印刷
邮 编	230009	开 本	710毫米×1010毫米 1/16
电 话	综合编辑部:0551-62903028	印 张	9.5
	市场营销部:0551-62903198	字 数	130千字
网 址	www.hfutpress.com.cn	印 刷	合肥现代印务有限公司
E-mail	hfutpress@163.com	发 行	全国新华书店

ISBN 978-7-5650-3345-2 定价:28.00元

编　委　会

安徽财经大学科研工作始终坚持立足安徽做学问、服务安徽出成果，特别重视立足地方和行业需求构建多层次智库平台。2009 年，为了更好地服务合芜蚌综合配套改革试验区的建设，我校成立了合芜蚌自主创新与区域经济发展研究中心；2010 年，为了更好地服务安徽省委、省政府的重大决策，更多更快地获取政策信息，成立了合肥研究院；2011 年，为了服务“振兴皖北”的发展战略，成立了皖北发展研究院；2012 年，为了服务安徽宏观运行和发展战略，成立了校级安徽经济预警运行与发展战略协同创新中心，2014 年，该中心被批准为省级协同创新中心；2013 年底，为增强科研与社会服务能力，主动服务安徽经济社会发展，我校成立了安徽经济发展研究院；2014 年，成立了现代服务业研究中心和徽商研究中心等智库建设平台；2015 年，我校依托安徽经济社会发展研究院申报的“安徽经济社会发展研究中心”项目获准安徽省教育厅智库项目立项建设。这些平台优化了资源配置，聚合了科研力量，鼓励和引导教师围绕安徽省委、省政府的重大发展战略选题，深入研究安徽经济社会发展中的重点、热点和难点问题，着力破解制约安徽经济社会发展的重大理论和现实问题，为学校建设特色鲜明的地方高水平财经大学提供了有益的智力支持，并取得了较为丰硕的成果，积累了丰富的经验。

近年来，安徽经济发展研究院围绕安徽经济社会发展中的重大理论与实践问题以及相关学科发展前沿问题，采取专兼职结合的方式吸纳各方专家和学者组成研究团队，通过拓展成果转化的渠道，为安徽省政府部门及企业提供政策建议和决策咨询服务。研究院在安徽经济运行与发展战略、发展规划与政策评价、淮河流域资源与环境等方面已形成系列研究成果和一定影响，力争成为安徽重要的财经智库。

一是安徽经济发展研究院成功入选安徽省十大重点智库。为加快推进安徽省新型智库建设，着力打造一批党政急需、特色鲜明、制度创新、引领发展的专业化高端智库，根据中共安徽省委办公厅、安徽省人民政府办公厅《关于加强安徽新型智库建设的实施意见》精神，安徽省委宣传部开展了安徽省重点智库和重点培育智库评选工作。经过单位申报、专家评审，评选出省重点智库10家，省重点培育智库5家，我校安徽经济发展研究院被评为安徽省重点智库。该智库重点围绕安徽省经济社会发展的重大问题和重要决策，聚焦安徽区域经济、产业发展、财政金融、精准扶贫、生态环境、公共管理、创新创业、民营经济及对外开放等重点研究领域，为安徽省委、省政府和相关政府部门科学决策提供咨询服务。

二是安徽经济发展研究院成功入围中国智库索引首批来源智库，并获大学智库指数排名普通高校第一名。中国智库索引（CTTI）来源智库名录是从全国2000多家智库机构评审出489家，包含党政部门智库、社科院智库、党校行政学院智库、高校智库、军队智库、科研院所智库、企业智库、社会智库、传媒智库九大类。其中，CTTI大学智库指数分“985”高校、“211”高校和普通高校三类，我校在普通高校排名中位居首位。此次评比结果既肯定了我校智库建设的成绩，也为今后的智库建设指明了方向，将会对我校的学术声誉和服务社会能力起到积极的促进作用。

三是安徽经济发展研究院精准扶贫研究取得系列成果。安徽省政协邀请我校智库派4人参加安徽省委、省政府、省政协重点协商课题“坚决打赢脱贫攻坚战”课题组。为此，我校选派和组织师生组成17个调研组对安徽省部分县区脱贫攻坚工作进行了专题调研；应省扶贫办的委托，我校组织有关老师和学生承担了全省脱贫攻坚第三方评估皖北15个县市的评估任务，评估报告受到省扶贫办的充分肯定；首次接受省扶贫开发工作领导小组的安排，我校组织850余名师生完成脱贫监测评估工作；此外，四篇扶贫政策建议获得省领导批示；特别是因在精准扶贫研究上取得系列成果，在省政协“坚决打赢脱贫攻坚战”专题协商会上，我校3篇政策建议在大会上作了交流。

安徽经济发展研究院公开出版发行的我校服务地方经济社会发展的研究报告——《安徽经济发展报告》，已连续发布12年，每年在合肥举办系列研究报告新闻发布会，安徽省委、省政府相关部门及部分省属高校的领导专家出席，40多家国家、省、市级媒体进行了跟踪报道。通过十多年连续发布，系列研究报告在省内外已形成一定影响，成为安徽省委、省政府相关部门决策的参考依据。

特别是2016年，举办两次研究成果新闻发布会，媒体影响力实现了新的突破；同时，政策影响力实现突破，在系列研究报告基础之上形成的政策建议多次引起政府部门的关注；多篇政策建议被安徽省经济发展研究中心主办的《决策》杂志，《安徽日报》，安徽省环保厅主办的《绿色视野》杂志，安徽省委教育工委、省教育厅主办的高校智库专刊《高校专家建言》选用。

2017年，在安徽经济预警运行与战略协同创新中心给予经费的支持下，安徽经济社会发展研究院策划组织研究力量编写的系列报告又如期出版。2017年新增《安徽农村普惠金融发展研究报告》。

纵观这些报告可以看出，报告的组织者与撰写者都付出了辛勤的劳动和不懈的努力。当然，我们也清醒地认识到，报告也还存在这样或那样的缺点，与政府部门领导和社会各界对我们的期望还有相当大的差距，我校应当也有可能在智库建设方面做得更多、更好。我们坚信，只要坚持走下去，在社会各界的关心和帮助下，系列研究报告一定会越做越好！我校的智库建设也将结出更多的硕果！

安徽财经大学校长　丁忠明

2017年3月20日

2016 年，我国的生态文明制度建设和安徽省的生态文明制度建设都取得了显著的成就，其标志就是出台了一系列生态建设的制度法规。特别是中央深改组会议多次涉及生态文明建设议题，先后审议通过了《关于健全生态保护补偿机制的意见》等一系列事关生态文明建设和环境保护的改革文件。从生态补偿到生态环境损害赔偿，从目标评价考核到划定严守生态红线，从环境监测到环保执法，中央深改组为生态文明建设和环境治理出台了详细的执行方案。2016 年，也是安徽深入实施生态强省战略、进一步提升生态文明建设水平的一年。为实现到 2020 年“生态文明重大制度基本确立”的目标，先后出台了《安徽省生态文明体制改革实施方案》《关于扎实推进绿色发展着力打造生态文明建设安徽样板实施方案》等重要文件，制定《安徽省“十三五”生态保护与建设规划》以及《安徽省饮用水水源环境保护条例》等重要法规。因此，《安徽生态文明建设发展报告（2017）》专设一章对 2016 年我国和安徽省的生态文明制度建设的情况做一梳理。

2016 年 1 月 28 日，环境保护部正式印发《国家生态文明建设示范县、市指标（试行）》，从生态空间、生态经济、生态环境、生态生活、生态制度、生态文化六个方面，分别设置 38 项（示范县）和 35 项（示范市）建设指标，是衡量一个地区是否达到国家生态文明建设示范县、市标准的依据。以此为依据并考虑到指标数据的可获得性，我们从生态资源、生态环境、生态经济及生态生活等四个方面构建生态文明发展水平测度指标体系，评价了2015年安徽省各地市生态文明发展状况，并对我省和长江经济带的省（市）做了比较。

2016年，是安徽省水污染防治取得重要突破的一年。主要体现在2015年底出台了《安徽省水污染防治工作方案》的基础上，2016年出台《安徽省饮用水水源环境保护条例》，印发《安徽省人民政府办公厅关于进一步加强地下水管理和保护工作的通知》《省环保厅关于加强跨市界水污染联防联控工作的通知》等重要法规政策；围绕这些政策法规的落实开展了很多水污染防治工作，并取得显著成效。

因此，《安徽生态文明建设发展报告（2017）》将编写的重点放在安徽的水污染防治上，分别从现状描述、水生态文明建设、生态补偿效益评价、水污染治理设备制造业分析和水污染事件的网络舆情分析等多个维度对安徽省近两年的水污染防治工作的情况做出分析。

《安徽生态文明建设发展报告（2017）》是由安徽财经大学安徽经济发展研究院组织相关人员合作完成。具体分工如下：安徽财经大学安徽经济社会发展研究院院长张会恒教授、博士负责总体设计和统稿以及前言、第一章、第四章的编写，安徽财经大学统计与应用数学学院副教授、博士孙欣负责第二章的编写，安徽财经大学安徽经济社会发展研究院的硕士鲍婷、张成松负责第三章的编写，安徽财经大学工商管理学院博士张胜武负责第五章的编写，安徽财经大学统计与应用数学学院的副教授、博士夏茂森负责第六章的编写。

报告的编写得到学校领导的大力鼓励和支持；安徽省发展改革委员会资源节约和环境保护处（省生态办）的副处长任晓凡博士、安徽省环保厅宣传教育处的刘宇提供了有关资料，对报告的编写提出建设性的意见和建议；同时，报告的编写也参阅了相关政府网站公开的文字资料和统计资料、政策文本和政策解读等资料，参阅了相关学术论文，在此一并表示感谢！

张会恒

2017年4月

MU LU 目录

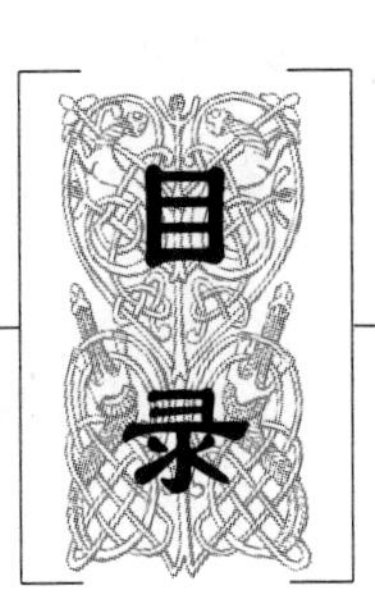

第一章 2016年出台的生态文明建设政策法规

党的十八大报告明确提出了“加强生态文明制度建设”的科学命题。建设生态文明，必须建立系统完整的生态文明制度体系。2016年，我国的生态文明制度建设和安徽省的生态文明制度建设都取得了显著的成就，其主要标志就是出台了一系列生态文明建设的政策法规。本章将对2016年我国和安徽省出台的重要的生态文明建设方面的政策法规做一梳理，以映射出生态文明建设的成就。

第一节 2016年我国出台的生态文明建设政策法规

2016年，中央全面深化改革领导小组会议多次涉及生态文明建设议题，先后审议通过了《关于健全生态保护补偿机制的意见》等一系列事关生态文明建设和环境保护的改革文件。从生态补偿到生态环境损害赔偿，从目标评价考核到划定严守生态红线，从环境监测到环保执法，中央全面深化改革领导小组为生态文明建设和环境治理出台了详细的执行方案。国务院还印发了《“十三五”生态环境保护规划》《土壤污染防治行动计划》以及颁布了我国首部《环境保护税法》。

一、《土壤污染防治行动计划》

2016年5月31日，国务院印发《土壤污染防治行动计划》（以下简称“土十条”），对今后一个时期我国土壤污染防治工作做出了全面的战略部署。作为当前乃至今后一个时期内全国土壤污染防治工作的行动纲领，“土十条”也完成了和《大气污染防治行动计划》（简称“大气十条”）、《水污染防治行动计划》（简称“水十条”）“三大战役”

的顺利会师，我国正式建立起了对于水、大气、土壤的综合防治规划。

“土十条”有六大亮点。

亮点一：摸清底数，强化监测。“土十条”要求全面掌握土壤污染状况及变化趋势，为治土提供科学的数据支撑。第一，要求对农用地及重点行业企业用地的污染情况作重点、详细的调查及监督，首次提出建立每 10 年 1 次的土壤环境质量状况定期调查制度。第二，通过优化监测点位的规划、整合及设置，构建国家土壤环境质量监测网，要求各省（区、市）开展土壤环境监测技术人员培训，充分发挥地方的积极主动性和灵活性。第三，发挥大数据在土壤治理中的重要作用，借助移动互联网、物联网等智慧技术，构建全国土壤大数据管理平台，加强数据共享，提升土壤环境信息化管理水平。

亮点二：健全规范，依法治土。“土十条”将法治工作放在第二条的优先位置。内容上强调：第一，建立土壤污染防治法律法规体系。各部门要配合完成土壤污染防治法起草工作，修订、发布相关领域法律法规及部门规章，以增加土壤防治内容，鼓励各地制定地方性土壤污染防治法规。第二，建立健全相关标准及技术规范体系。发布、修订、完善相关的标准、技术规范、测试方法及标准样品，明确规定各地可制定严于国家标准的地方土壤环境质量标准。第三，通过明确重点监管的物质、行业、区域，建立专项执法机制，全面强化土壤环境监管执法力度。

亮点三：分类管理，突出重点。“土十条”明显地体现出分类管理、突出重点的治理思路。对农用地、建设用地分别实施不同的管理措施，且以农用地中的耕地及建设用地中的污染地块为重点。

亮点四：风险管控，保护优先。土壤质量维护尤其要注重污染风险的管控及优良土地的保护。“土十条”不仅在总体要求及工作目标等多处提到风险管控，且“风险”一词在“土十条”中出现的频率达 20 次。可以说，风险管控贯穿了“土十条”的始终。而保护优先的内容集中体现在第五条、第六条之中。

亮点五：开展修复，加强技术。“土十条”明确了土壤治理与修复的主体为造成土壤污染的单位或个人，要求各省制定土壤污染治理与修复规划。同时强调各地要结合城市环境质量和发展布局，以基础设施项目为重点，有序开展治理与修复，强化工程监管。此外，要对治理与修复的成效进行评估，省级环保部门向上级汇报，环境保护部进行督查。

亮点六：政府主导，责任明确。横向维度上，“土十条”在每一条中的具体工作后都附上牵头部门与参与部门，一目了然，十分清晰。同时，强调部门协调联动，定期研究解决重大问题。纵向维度上，其明确规定，地方各级政府是实施本行动计划的主体，要制定工作方案，报国务院备案，地方政府要承担污染修复责任主体不明或缺失时的兜底修复责任。此外，约谈、限批等措施亦是属地责任的体现。而将对各省（区、市）的目标责任评估和考核结果作为专项资金分配的重要依据，对于落实属地责任有着较大的激励作用，能够促使责任落到实处。除了政府主导，企业责任、市场作用、公众参与也在“土十条”中得以明确规定。

二、《关于健全生态保护补偿机制的意见》

为解决我国生态保护补偿的范围仍然偏小、标准偏低，保护者和受益者良性互动的体制机制尚不完善，一定程度上影响了生态环境保护措施行动的成效问题，国务院办公厅于 2016 年 5 月印发了《关于健全生态保护补偿机制的意见》（以下简称《意见》），提出我国生态补偿机制建设的目标和七大领域的重点任务。

《意见》的出台具有重要意义。生态补偿是生态文明制度体系中具有基础性意义的制度，生态环境建设是我国生态文明建设的短板。造成我国目前严峻的生态环境形势的主要原因之一，就是在生态环境服务供给者与受益者之间缺乏一种公平有效的利益均衡机制。《意见》的出台是生态文明制度建设的一大突破，生态文明制度建设扎扎实实向前迈出了一大步。它不仅为下一步国家和地方深化生态补偿机制建设探索提供了指南和纲领，也为下一步开展生态补偿法律打下了一个重要的基础。

七大重点领域进行生态补偿，开展横向补偿试点。重点领域补偿是生态保护补偿的主要内容之一，重点领域包括森林、草原、湿地、荒漠、海洋、水流、耕地七大领域。《意见》提出，要推进横向生态保护补偿。鼓励受益地区与保护生态地区、流域下游与上游通过资金补偿、对口协作、产业转移、人才培训、共建园区等方式建立横向补偿关系。地区间补偿主要是继续推进南水北调中线工程水源区对口支援、新安江水环境生态补偿试点，推动在京津冀水源涵养区、广西广东九洲江、福建广东汀江—韩江、江西广东东江、云南贵州广西广东西江等地开展跨地区生态保护补偿试点。

谁补偿、谁受益，促进保护者与受益者的良性互动。生态保护补偿主体是受益者，而生态损害赔偿主体是损害者。生态损害赔偿是让赔偿义务人对受损的生态环境进行修复，无法修复的，实施货币赔偿。而生态保护补偿通常采取财政转移支付、政府购买服务或者市场交易等市场手段，让受益者付费、保护者得到合理补偿，“就是谁受益、谁补偿。落实“谁受益、谁补偿”，重点在于促进生态保护者与受益者的良性互动。《意见》指出要科学界定保护者与受益者的权利义务，推进生态保护补偿标准体系和沟通协调平台建设，加快形成受益者付费、保护者得到合理补偿的运行机制。

多渠道筹措生态补偿资金，推动保护机制法制化。《意见》提出多渠道筹措资金，加大保护补偿力度。除了增加纵向中央和地方财政转移支付以及鼓励横向地区间补偿之外，还要发挥市场机制促进生态保护的积极作用，使保护者通过生态产品的交易获得收益。要建立用水权、排污权、碳排放权初始分配制度，探索建立用水权、排污权、碳排放权交易制度。建立统一的绿色产品标准、认证、标识等体系，完善落实对绿色产品的财税金融支持和政府采购等政策。

《意见》明确提出，生态保护补偿资金、国家重大生态工程项目和资金按照精准扶贫、精准脱贫的要求向贫困地区倾斜，向建档立卡的贫困人口倾斜。重点生态功能区转移支付要考虑贫困地区实际状况，加大投入力度，扩大实施范围。

《意见》提出，将试点先行与逐步推广、分类补偿与综合补偿有机结合，大胆探索，稳步推进不同领域、区域生态保护补偿机制建设。

开展生态保护补偿重大问题研究，研究制定生态保护补偿条例。

三、《关于设立统一规范的国家生态文明试验区的意见》

2016年8月，中共中央办公厅、国务院办公厅印发了《关于设立统一规范的国家生态文明试验区的意见》及《国家生态文明试验区（福建）实施方案》。《意见》指出，要以改善生态环境质量、推动绿色发展为目标，以体制创新、制度供给、模式探索为重点，设立统一规范的国家生态文明试验区（以下简称试验区），将中央顶层设计与地方具体实践相结合，集中开展生态文明体制改革综合试验，规范各类试点示范，完善生态文明制度体系，推进生态文明领域国家治理体系和治理能力现代化。

根据意见提出的主要目标，将设立若干试验区，形成生态文明体制改革的国家级综合试验平台。通过试验探索，到2017年，推动生态文明体制改革总体方案中的重点改革任务取得重要进展，形成若干可操作、有效管用的生态文明制度成果；到2020年，试验区率先建成较为完善的生态文明制度体系，形成一批可在全国复制推广的重大制度成果，资源利用水平大幅提高，生态环境质量持续改善，发展质量和效益明显提升，实现经济社会发展和生态环境保护双赢，形成人与自然和谐发展的现代化建设新格局，为加快生态文明建设、实现绿色发展、建设美丽中国提供有力的制度保障。

《意见》提出在福建省、江西省、贵州省设立试验区，主要考虑：一是三省均为生态环境基础较好、省委省政府高度重视的地区；二是三省经济社会发展水平不同，具有一定的代表性，有利于探索不同发展阶段的生态文明建设的制度模式。福建省委、省政府多年来持之以恒地推进生态文明建设，在保持经济快速发展的同时留住了山清水秀，成为全国五个省级生态文明先行示范区之一。这次《福建方案》的出台，将推动福建以更高的标准、更大的勇气推进生态文明体制改革，当好"试验田"，将生态优势转化为发展优势，实现绿色发展、绿色富省、绿色惠民。

根据《国家生态文明试验区（福建）实施方案》（以下简称方案），

福建试验区要充分发挥福建省生态优势，突出改革创新，坚持解放思想、先行先试，以率先推进生态文明领域治理体系和治理能力现代化为目标，以进一步改善生态环境质量、增强人民群众获得感为导向，集中开展生态文明体制改革综合试验，着力构建产权清晰、多元参与、激励与约束并重、系统完整的生态文明制度体系，努力建设机制活、产业优、百姓富、生态美的新福建，为其他地区探索改革路径、为建设美丽中国做出应有的贡献。

方案提出福建试验区的重点任务包括，建立健全国土空间规划和用途管制制度，健全环境治理和生态保护市场体系，建立多元化的生态保护补偿机制，健全环境治理体系，建立健全自然资源资产产权制度，开展绿色发展绩效评价考核。

目前，有关部门已经开展了一些生态文明建设领域的试点示范，在模式探索、制度创新等方面取得了一定成效，但也存在着试点过多过散、重复交叉等问题。为此，《意见》就统一规范各类生态文明试点示范做出了规定。

一是整合资源集中开展试点试验，根据《生态文明体制改革总体方案》部署开展的各类专项试点，优先放在试验区进行，统筹推进，加强衔接。对试验区内已开展的生态文明试点示范进行整合，统一规范管理，各有关部门和地区要根据工作职责加强指导和支持，做好各项改革任务的协调衔接，避免交叉重复。

二是严格规范其他各类试点示范，未经党中央、国务院批准，各部门不再自行设立、批复冠以“生态文明”字样的各类试点、示范、工程、基地等；已自行开展的各类生态文明试点示范到期一律结束，不再延期，最迟不晚于2020年结束。

四、《关于省以下环保机构监测监察执法垂直管理制度改革试点工作的指导意见》

为加快解决现行以块为主的地方环保管理体制存在的突出问题，2016年9月，中共中央办公厅、国务院办公厅印发了《关于省以下环保机构监测监察执法垂直管理制度改革试点工作的指导意见》，就省以下环保机构监测监察执法垂直管理制度改革试点工作提出指导意见。

根据《意见》，核心改革路径可概括为“两个加强、两个聚焦、两个健全”。一是在制度建设上实现“两个加强”，即加强地方党委政府及其相关部门环保责任的明确和落实，加强对地方党委政府以及相关部门环保责任落实的监督检查和责任追究。二是在工作重心上实行“两个聚焦”，即省级环保部门进一步聚焦对市县生态环境质量监测考核和环保履责情况的监督检查，市县两级环保部门进一步聚焦属地环境执法和执法监测。三是在运行机制上强化“两个健全”，即建立健全环保议事协调机制，建立健全信息共享机制。

关于落实对地方政府及其相关部门的监督责任问题。《意见》明确了地方党委政府对生态环境负总责的要求，并加强监督；制定了相关部门的环境保护责任清单并严格落实，依法追责；提出了省级环保部门统一行使环境监察职能，经省政府授权，落实对市级县政府及其相关部门的监督责任。这就将党政同责、一岗双责落到实处，实现发展与保护的内在统一、相互促进，从体制上促进环保工作。

关于解决地方保护主义对环境监测执法干预问题。体制上，省级环保部门直接管理市级环境监测机构，确保生态环境质量监测数据真实有效；市级统一管理行政区域内的环境执法力量，依法独立行使环境执法权。保障上，驻市级环境监测机构的人财物管理在省级，县级环保部门的人财物管理在市级。领导干部管理上，县级环保分局领导班子由市级环保局直接管理，市级环保局领导班子由省级环保厅（局）主管。

关于适应统筹解决跨区域、跨流域环境问题的新要求。要求省（自治区、直辖市）积极探索按流域设置环境监管和行政执法机构、跨地区环保机构，有序整合不同领域、不同部门、不同层次的监管力量；要求省级环保部门牵头建立健全区域协作机制，推行跨区域跨流域环境污染联防联控，加强跨区域流域联合监测、联合执法、交叉执法；鼓励市级党委和政府在全市域范围内按照生态环境系统完整性实施统筹管理，整合设置跨市辖区的环境执法和环境监测机构。

关于规范和加强地方环保机构队伍建设。要求地方结合事业机构改革，将目前还是事业性质、使用事业编制的县环保局逐步转化为行政单位，规范设置事业单位性质的环境执法机构；尽快出台规范性文件，全面推进环境监测监察执法能力标准化建设；实行环境监测与执法测管协同，配备环境执法调查取证、移动执法等装备，实行行政执法人员持证上岗和资格管理制度；建立运行大数据平台，提高信息化水平和共享水平。

《意见》对环保部门不同层级、不同领域实施不同模式的改革。一是市级环保局领导班子实行以省为主的双重领导干部体制，在避免干扰的同时，保证了市级环保局仍然作为市级政府的工作部门，确保市级党委政府环境履责有机构、有手段；县级环保局作为市级环保局的分局，其人财物及领导班子成员均由市级环保局直管。二是建立健全环境监察体系，由省级环保部门统一行使环境监察职能，省督市县。三是市级环境监测机构主要负责生态环境质量监测评价工作，上收到省级，防止生态环境质量监测数据干扰；县级环境监测机构主要负责执法监测，随县级环保局一并上收到市级，留在属地配合环境执法队伍，提高环境执法效能。四是县级环境执法机构上收到市级统一使用、统一指挥。

落实条块两个方面的责任、实现条块结合是垂改的基本方向。实施垂改，调整机构隶属关系是手段，重构条块关系是方向，落实各方责任是主线，推动发展和保护内在统一、相互促进是落脚点。《意见》把充分调动条块两方面的积极性作为基本出发点，既不能因改革削弱、上交地方党委和政府环保主体责任，又不能让地方党委和政府权责不等、没有手段、无法履责。《意见》针对制约现实工作、多年来反映强烈、长期期待解决的体制机制问题，多方面提出了一些解决思路、办法和措施，含金量很高，既有遵循又有创新，特别是一些创新举措彰显了中央改革的决心和力度，需要各地结合地方实际，积极探索创新，切实推进改革。

五、《重点生态功能区产业准入负面清单编制实施办法》

根据党的十八届五中全会有关要求，为推动重点生态功能区产业准入负面清单（以下简称负面清单）编制实施工作的制度化、规范化，2016 年 10 月 21 日，经国务院同意，国家发展改革委以通知形式印发《重点生态功能区产业准入负面清单编制实施办法》（以下简称《办法》），正式启动重点生态功能区产业负面准入清单制度。此前，《办法》已经由中央全面深化改革领导小组第 27 次会议审议通过。

《办法》将在 676 个县推行产业准入负面清单制度。这些县占我国国土面积的 53%，他们承担着为全国提供生态产品的功能，因此开发必须受到一定的限制。《办法》就是让这些地区不能开发的产业对社会公开，让全社会的投资者都知晓。从根本上说，这是主体功能区制度的一个重要内容，是生态文明制度建设的发展完善。《办法》指出，要强化底线约束，将《产业结构调整指导目录》《市场准入负面清单草案（试点版）》《关于加快推进生态文明建设的意见》《生态文明体制改革总体方案》和地方性相关规划、意见、方案中已经明确的限制类和禁止类产业作为底线，进一步细化从严提出需要限制、禁止的产业类型，不得擅自放宽或选择性执行国家产业政策的限制性规定。

因地制宜：依据资源禀赋制定准入负面清单。我国地域辽阔，不同重点生态功能区的资源禀赋、生态环境各具特色，产业准入负面清单应体现分类指导、因地制宜的原则。《办法》提出，根据不同类型重点生态功能区发展方向和开发管制原则，结合生态环境影响评估结果，将不适宜产业筛选纳入负面清单，第一产业重点针对农、林、牧、渔业等；第二产业重点针对采矿、制造、建筑、电力、热力、燃气及水的生产和供应业等；第三产业重点针对交通运输和仓储、房地产、水利管理业等。属于国家层面规划布局的产业不纳入负面清单管理。

在执行过程中，各地应加强对产业准入的管理。要加强动态监控、监督管理和激励考核。特别要建立负面清单实施激励考核评价体系，将生态环境绩效作为主要考核指标，加大其考核权重。同时配套相应措施和手段，强化负面清单考评结果运用，并将生态环境损害责任追究与党政领导干部提拔使用、考核评优和评选紧密结合。

配套制度：确保负面清单落到实处。重点生态功能区产业准入负面清单是对区域产业结构的大调整，实施很可能面临“落地难”问题，各地应从制度、技术和资金等三个方面提供保障。为加强制度保障，各地应从产业、环境、财政、土地、投资、农业、人口、民族、气候变化、绩效考核评价10个方面建立与国家重点生态功能区产业准入负面清单相适应的监管机制、绩效考核评价制度、奖惩制度等，以保障负面清单有效实施。

六、《生态文明建设目标评价考核办法》

2016年12月22日，中共中央办公厅、国务院办公厅对外发布《生态文明建设目标评价考核办法》，对各省区市实行年度评价、五年考核机制，以考核结果作为党政领导综合考核评价、干部奖惩任免的重要依据。

考核办法指出，生态文明建设目标评价考核在资源环境生态领域有关专项考核的基础上综合开展，采取评价和考核相结合的方式。年度评价应当在每年8月底前完成，目标考核在五年规划期结束后的次年开展并于9月底前完成。

考核办法明确，年度评价以绿色发展指标体系为参照，主要评估各地区资源利用、环境治理、环境质量、生态保护、增长质量、绿色生活、公众满意程度等方面的变化趋势和动态进展，生成各地区绿色发展指数。年度评价结果纳入目标考核。

目标考核内容主要包括国民经济和社会发展规划纲要中确定的资源环境约束性指标，以及党中央、国务院部署的生态文明建设重大目标任务完成情况。

考核办法指出，考核要突出公众的获得感。目标考核采用百分制评分和约束性指标完成情况等相结合的方法，结果划分为优秀、良好、合格、不合格四个等级。考核优秀地区将受到通报表扬，考核不合格地区将被通报批评。对于生态环境损害明显、责任事件多发的地区，党政主要负责人和相关负责人将被追究责任。

考核办法还指出，各省区市不得篡改、伪造或指使篡改、伪造相关统计和监测数据，对于存在上述问题并被查实的地区，考核等级确定为不合格。对徇私舞弊、瞒报谎报、篡改数据、伪造资料等造成评价考核结果失真失实的，将严肃追究有关单位和人员责任。涉嫌犯罪的，依法移送司法机关处理。

七、《自然资源统一确权登记办法（试行）》

2016年11月1日，中央全面深化改革领导小组第29次会议审议通过了《自然资源统一确权登记办法（试行）》（以下简称《办法》），指出要坚持资源公有、物权法定和统一确权的原则，对水流、森林、山岭、草原、荒地、滩涂以及探明储量的矿产资源等自然资源的所有权统一进行确权登记，形成归属清晰、权责明确、监管有效的自然资源资产产权制度。要坚持试点先行，以不动产登记为基础，依照规范内容和程序进行统一登记。根据会议精神，国土资源部会同中央编办、财政部、环境保护部、水利部、农业部、林业局，研究制定了《自然资源统一确权登记办法（试行）》《自然资源登记簿》和《自然资源统一确权登记试点方案》，并于2016年12月联合印发实施。

《办法》制定的总体思路是，以不动产登记为基础，构建自然资源统一确权登记制度体系，对水流、森林、山岭、草原、荒地、滩涂以及矿产资源等所有自然资源统一进行确权登记，逐步划清全民所有和集体所有之间的边界，划清全民所有、不同层级政府行使所有权的边界，划清不同集体所有者的边界，划清不同类型自然资源的边界，进一步明确国家不同类型自然资源的权利和保护范围等，推进确权登记法治化。《办法》包括总则、自然资源登记簿、登记一般程序，国家公园、自然保护区、湿地、水流等自然资源登记，登记信息管理与应用、附则共六章，以及《自然资源登记簿》样式、《自然资源统一确权登记试点方案》两个附件。

八、《关于健全国家自然资源资产管理体制试点方案》

2016年12月5日召开的中央深改组第三十次会议审议通过了《关于健全国家自然资源资产管理体制试点方案》等。

会议指出，健全国家自然资源资产管理体制，要按照所有者和管理者分开和一件事由一个部门管理的原则，将所有者职责从自然资源管理部门分离出来，集中统一行使，负责各类全民所有自然资源资产的管理和保护。要坚持资源公有和精简统一效能的原则，重点在于整合全民所有自然资源资产所有者职责，探索中央、地方分级代理行使资产所有权，整合设置国有自然资源资产管理机构等方面，积极探索尝试，形成可复制、可推广的管理模式。

九、《“十三五”生态环境保护规划》

2016 年 12 月 5 日，国务院印发《“十三五”生态环境保护规划》，为我国“十三五”时期生态环境保护工作明确了“行动指南”。规划提出到 2020 年，生态环境质量总体改善的目标，并确定了打好大气、水、土壤污染防治三大战役等七项主要任务。

《规划》提出，以提高环境质量为核心，实施最严格的环境保护制度，打好大气、水、土壤污染防治三大战役，加强生态保护与修复，严密防控生态环境风险，加快推进生态环境领域国家治理体系和治理能力现代化，不断提高生态环境管理系统化、科学化、法治化、精细化、信息化水平，为人民提供更多的优质生态产品，为实现“两个一百年”奋斗目标和中华民族伟大复兴的中国梦做出贡献。到 2020 年，生态环境质量总体改善。生产和生活方式绿色、低碳水平上升，主要污染物排放总量大幅减少，环境风险得到有效控制，生物多样性下降势头得到基本控制，生态系统稳定性明显增强，生态安全屏障基本形成，生态环境领域国家治理体系和治理能力现代化取得重大进展，生态文明建设水平与全面建成小康社会的目标相适应。

《规划》要求，要强化源头防控，夯实绿色发展基础；深化质量管理，大力实施三大行动计划；实施专项治理，全面推进达标排放与污染减排；实行全程管控，有效防范和降低环境风险；加大保护力度，强化生态修复；加快制度创新，积极推进治理体系和治理能力现代化；实施一批国家生态环境保护重大工程，强化项目环境绩效管理。

《规划》提出了“十三五”生态环境保护的约束性指标和预期性指标。其中约束性指标 12 项，分别是地级及以上城市空气质量优良天数比率、细颗粒物未达标地级及以上城市浓度下降、地表水质量达到或好于Ⅲ类水体比例、地表水质量劣Ⅴ类水体比例、森林覆盖率、森林蓄积量、受污染耕地安全利用率、污染地块安全利用率，以及化学需氧量、氨氮、二氧化硫、氮氧化物污染物排放总量减少。预期性指标主要包括地级及以上城市重度及以上污染天数比例下降、近岸海域水质优良（一、二类）比例、湿地保有量、新增沙化土地治理面积等。

《规划》强调，地方各级人民政府是规划实施的责任主体，要把生态环境保护的目标、任务、措施和重点工程纳入本地区国民经济和社会发展规划。国务院各有关部门要各负其责，密切配合，加大资金投入力度，加大规划实施力度。建立规划实施情况年度调度和评估考核机制，在2018年和2020年底，分别对规划执行情况进行中期评估和终期考核，评估考核结果向国务院报告，向社会公布。

污水处理重点任务：到2020年，城市和县城污水处理率分别达到95%和85%左右；地级及以上城市污泥无害化处理处置率达到90%，京津冀区域达到95%。敏感区域城镇污水处理设施应于2017年底前全面达到一级A排放标准，新建城镇污水处理设施要执行一级A排放标准。

垃圾处理重点任务：全国城市生活垃圾无害化处理率达到95%以上，90%以上村庄的生活垃圾得到有效治理；大中型城市重点发展生活垃圾焚烧发电技术，鼓励区域共建共享焚烧处理设施，到2020年，垃圾焚烧处理率达到40%；加强垃圾渗滤液处理处置、焚烧飞灰处理处置、填埋场甲烷利用和恶臭处理，向社会公开垃圾处置设施污染物排放情况。

土壤修复重点任务：完成100个农用地和100个建设用地的污染治理试点。建设6个土壤污染综合防治先行区。开展1000万亩受污染耕地治理修复和4000万亩受污染耕地风险管控；实施高风险历史遗留重金属污染地块、河道、废渣污染修复治理工程，完成31块历史遗留无主铬渣污染地块治理修复。

十、《环境保护税法》

2016年12月25日，《中华人民共和国环境保护税法》在十二届全国人大常委会第二十五次会议上获表决通过，并将于2018年1月1日起施行。我国首部《环境保护税法》和两高司法解释进一步强化了生态文明法治保障。

《环境保护税法》是党的十八届三中全会提出“落实税收法定原则”要求后，全国人大常委会审议通过的第一部单行税法，也是我国第一部专门体现“绿色税制”、推进生态文明建设的单行税法。12月26日，最高人民法院、最高人民检察院发布《最高人民法院、最高人民检察院关于办理环境污染刑事案件适用法律若干问题的解释》，明确了应当认定为“严重污染环境”的18种情形，自2017年1月1日起施行。

《环境保护税法》全文5章、28条，分别为总则、计税依据和应纳税额、税收减免、征收管理、附则。环境保护税法的总体思路是由“费”改“税”，即按照“税负平移”原则，实现排污费制度向环保税制度的平稳转移。法案将“保护和改善环境，减少污染物排放，推进生态文明建设”写入立法宗旨，明确“直接向环境排放应税污染物的企业事业单位和其他生产经营者”为纳税人，确定大气污染物、水污染物、固体废物和噪声为应纳税污染物。

环境保护税是将环境污染排放外部性损害“内部化”的一种重要工具，其特点是施加于纳税人，用价格信号调节污染排放，是法定的、规范的、阳光化的。设计合理的环保税，可以反映环境污染的外部成本，进而通过基于纳税人利益预期的“经济杠杆”方式，促进污染排放的减少。这是我国于2015年3月确立“税收法定”原则后制定的第一部单行税法，显示了政府希望更多运用市场机制的手段解决环境问题的决心以及制度机制创新的实际进展。《环境保护税法》的出台在我国极大地提高了环境税费的法律地位，比原来以行政规章支撑的排污费有着更高的法律效力等级。以法律形式确定污染者付费原则，且由税务部门而不仅是环保部门征收，会加大征收力度，提高环境税收征收的规范性和透明度，更有利于按照机制设计的意图向排放企业释放减排信号，促进绿色发展。

第二节 2016 年安徽生态文明建设出台的主要政策法规

2016 年，是安徽深入实施生态强省战略，进一步提升生态文明建设水平的一年。为实现到 2020 年“生态文明重大制度基本确立”的目标，先后出台了《安徽省生态文明体制改革实施方案》《关于扎实推进绿色发展着力打造生态文明建设安徽样板实施方案》等重要文件，制定《安徽省“十三五”生态保护与建设规划》以及《安徽省饮用水水源环境保护条例》等重要法规。

一、《安徽省生态文明体制改革实施方案》

为深入贯彻落实《中共中央、国务院关于印发〈生态文明体制改革总体方案〉的通知》要求，加快建立系统完整的生态文明制度体系，增强生态文明体制改革的系统性、整体性、协同性，切实推进创新型生态强省建设，2016 年 3 月，安徽省委、省政府印发了《安徽省生态文明体制改革实施方案》。《实施方案》立足安徽实际，体现中央要求，以解决生态环境领域的突出问题为导向，明确安徽省生态文明体制改革必须坚持的总体要求，提出改革任务和举措，为生态文明建设提供体制机制保障，有利于构建系统完整的安徽特色生态文明制度体系，推动形成人与自然和谐发展的美好安徽建设新格局。

《实施方案》提出，到 2020 年，构建起由自然资源资产产权制度、国土空间开发保护制度、空间规划体系、资源总量管理和全面节约制度、资源有偿使用和生态补偿制度、环境治理体系、环境治理和生态保护市场体系、生态文明绩效评价考核和责任追究制度等八项制度构成的产权清晰、多元参与、激励与约束并重、系统完整的安徽特色生态文明制度体系。

一是健全自然资源资产产权制度。包括建立统一的确权登记系统，对所有自然生态空间统一确权登记；建立权责明确的自然资源产权体系，建立覆盖各类全民所有自然资源资产的有偿出让制度；探索建立分级行使所有权的体制，分清省政府直接行使所有权、市县政府行使所有权的资源清单和空间范围；开展水流产权确权试点等 4 个方面的改革内容。

二是建立国土空间开发保护制度。包括完善主体功能区制度，健全有利于实现主体功能区布局的政策体系；健全国土空间用途管制制度，划定并严守生态红线；适时启动大黄山国家公园创建工作；完善自然资源监管体制，适时将分散在各部门的有关用途管制职责，逐步统一到一个部门等 4 个方面的改革内容。

三是建立空间规划体系。包括整合目前各部门分头编制的各类空间性规划，编制统一的省、市、县空间规划；加快寿县国家级“多规合一”试点、若干城市省级“多规合一”试点工作，探索形成可复制、可推广的工作经验和模式，逐步形成一个市县一个规划、一张蓝图；创新市县空间规划编制方法，确保规划的严肃性和连续性等 3 个方面的改革内容。

四是完善资源总量管理和全面节约制度。包括完善最严格的耕地保护制度、土地节约集约利用制度、水资源管理制度，建立能源消费总量管理和节约制度，实行能源和水资源消耗、建设用地总量和强度双控制。建立天然林、草地、湿地保护制度，健全矿产资源开发利用管理制度，完善资源循环利用制度等 9 个方面的改革内容。

五是健全资源有偿使用和生态补偿制度。包括加快自然资源及其产品价格改革，将资源所有者权益和生态环境损害等纳入价格形成机制；完善土地有偿使用制度；完善矿产资源有偿使用制度；加快资源环境税费改革，逐步将资源税征收范围扩展到占用各种自然生态空间；完善生态补偿机制，鼓励、支持各地区开展横向生态补偿试点；完善生态保护修复资金使用机制；建立耕地草地河湖休养生息制度等 7 个方面的改革内容。

六是建立健全环境治理体系。包括完善污染物排放许可制度；建立污染防治区域联动机制，加强长三角区域大气、水污染防治联防联控；建立农村环境治理的体制机制，着力推进美丽乡村试点省建设；健全环境信息公开制度，保障人民群众依法有序行使环境监督权；实行生态环境损害赔偿制度；完善环境保护管理制度，适时将分散在各部门的环境保护职责调整到一个部门，有序推进环保机构监测监察执法垂直管理等6个方面的改革内容。

七是健全环境治理和生态保护市场体系。包括培育环境治理和生态保护市场主体，推行用能权和碳排放权交易、排污权交易、水权交易制度，建立绿色金融体系和统一的绿色产品体系等6个方面的改革内容。

八是完善生态文明绩效评价考核和责任追究制度。包括建立生态文明目标体系，制定安徽省绿色发展指标体系和生态文明建设目标评价考核办法；建立资源环境承载能力监测预警机制；探索编制自然资源资产负债表，定期评估自然资源资产变化状况；对领导干部实行自然资源资产离任审计；落实生态环境损害责任终身追究制等5个方面的改革内容。

提出贯彻落实《实施方案》的主要措施有：加强组织领导、开展试点试验、健全政策标准、强化舆论引导、严格督促落实。

二、《安徽省突发环境事件应急预案》

经省政府同意，2016年3月下发《安徽省突发环境事件应急预案》，这是对2005年9月省政府办公厅印发实施的《安徽省突发环境事件应急预案》的修订。其目的在于健全突发环境事件应对工作机制，科学、有序、高效地应对突发环境事件，最大限度地控制、减轻和消除突发环境事件的风险和危害，保障人民群众生命财产安全和环境安全。

突发环境事件是指由于污染物排放或自然灾害、生产安全事故等因素，导致污染物或放射性物质等有毒有害物质进入大气、水体、土壤等环境介质，突然造成或可能造成环境质量下降，危及公众身体健康和财产安全，或造成生态环境破坏，或造成重大社会影响，需要采取紧急措施予以应对的事件，主要包括大气污染、水体污染、土壤污染等突发性环境污染事件和辐射污染事件。按照事件危害程度、影响范围等因素，突发环境事件分为特别重大（Ⅰ级）、重大（Ⅱ级）、较大（Ⅲ级）和一般（Ⅳ级）四级。

省政府设立省突发环境事件应急指挥部（以下简称省指挥部），统一领导、组织、指挥重大级别以上的突发环境事件应急处置工作。总指挥由省政府分管副省长担任，副总指挥由省政府相关副秘书长、省环保厅厅长担任，成员包括相关单位负责同志。指挥部下设办公室、专家组及市、县组织指挥机构，省政府根据处置工作需要成立现场指挥部。

《安徽省突发环境事件应急预案》还对应急准备、监测预警、信息报告与通报、应急响应及后期工作等做出规定和要求。

三、《安徽省编制自然资源资产负债表试点方案》

为贯彻落实《国务院办公厅关于印发编制自然资源资产负债表试点方案的通知》（国办发〔2015〕82号）和《中共安徽省委关于贯彻落实党的十八届三中全会精神全面深化改革的意见》（皖发〔2014〕2号）精神，安徽省人民政府办公厅于2016年5月印发安徽省编制自然资源资产负债表试点方案。

试点的主要目标是，通过编制自然资源资产负债表，推动建立健全科学规范的自然资源统计调查制度，努力摸清自然资源资产的家底及其变动情况，为推进生态文明建设、有效保护和永续利用自然资源提供信息基础、监测预警和决策支持。按照本方案要求，通过编制自然资源资产负债表试点，探索形成可复制、可推广的编表经验。

试点坚持几个基本原则：（1）坚持整体设计。将自然资源资产负债表编制纳入生态文明制度体系，与领导干部自然资源资产离任审计、生态环境损害责任追究等重大制度相衔接。（2）突出核算重点。从生态文明建设要求出发，优先核算具有重要生态功能的自然资源，并在实践中不断完善核算体系。（3）注重质量指标。编制自然资源资产负债表，既要反映自然资源规模变化，更要反映自然资源质量状况。通过质量指标和数量指标的结合，更加全面系统地反映自然资源的变化及其对生态环境的影响。（4）确保真实准确。按照高质、务实、管用的要求，建立健全自然资源统计监测指标体系，充分运用现代科技手段和法治方式提高统计监测能力和统计数据质量，确保基础数据和自然资源资产负债表的各项数据真实准确。

安徽省自然资源资产负债表试点的核算内容主要包括土地资源、林木资源和水资源。土地资源资产负债表主要包括耕地、林地等土地利用情况，耕地质量等级分布及其变化情况；林木资源资产负债表包括天然林、人工林、其他林木的蓄积量和单位面积蓄积量；水资源资产负债表包括地表水、地下水资源情况，水资源质量等级分布及其变化情况。根据自然资源的代表性和有关工作基础，在蚌埠市开展编制土地资源、水资源资产负债表试点，宣城市开展编制林木资源、水资源资产负债表试点，青阳县开展编制林木资源资产负债表试点。

试点工作从 2016 年 6 月开始到 2017 年 5 月底结束，分为两个阶段。第一阶段（2016 年 6 月至 2016 年 12 月底），试点地区开展有关自然资源基础资料的搜集整理和审核，必要时开展补充性调查，编制出 2014 年和 2015 年的自然资源资产负债表。第二阶段（2017 年 1 月至 2017 年 5 月底），试点地区提交试点报告，提出修订完善自然资源统计调查制度和自然资源资产负债表试点编制方案的建议。根据试点经验，在进一步调查研究的基础上，研究扩大自然资源资产负债表编制范围，制定全省自然资源资产负债表编制方案。

四、《安徽省生态环境监测网络建设实施方案》

根据《国务院办公厅关于印发生态环境监测网络建设方案的通知》（国办发〔2015〕56 号）及环保部相关要求，2016 年 7 月安徽省人民政府办公厅印发安徽省生态环境监测网络建设实施方案。

实施方案的建设目标是，坚持全面设点、全省联网、自动预警、依法追责，努力建设政府主导、部门协同、社会参与、公众监督的生态环境监测体系。到 2020 年，全省生态环境监测网络基本实现环境质量、重点污染源、生态状况监测全覆盖，各级各类监测数据系统互联互通，监测预报预警、信息化能力和保障水平明显提升，监测与监管协同联动，初步建成天地一体、上下协同、信息共享的生态环境监测网络，为加快建设创新型生态强省提供有力保障。

重点是完善生态环境监测网络。安徽省环保厅会同有关部门统一规划、整合优化环境质量监测点位，建设涵盖大气、水、土壤、噪声、辐射、生态等要素，布局合理、功能完善的全省环境质量监测网络，客观、准确、及时地反映环境质量状况。

同时，实现生态环境监测信息集成共享。建设全省统一的生态环境监测数据平台，依托省级政务云、数据交换平台和电子政务外网运行。汇集各级环境保护、公安、国土资源、住房城乡建设、交通运输、农业、水利、林业、卫生计生、气象等部门获取的环境质量、污染源、生态状况监测数据，形成环境监测数据传输网络，建立统一的生态环境监测信息发布机制，实现监测数据集成共享。

五、《关于扎实推进绿色发展着力打造生态文明建设安徽样板实施方案》

为贯彻落实习近平总书记视察安徽重要讲话精神，深入实施创新型生态强省战略，加快建设绿色江淮美好家园，根据《中共中央、国务院关于加快推进生态文明建设的意见》《贯彻落实〈中共中央、国务院关于加快推进生态文明建设的意见〉重点任务分工方案》要求，安徽省委省政府于2016年8月印发《关于扎实推进绿色发展着力打造生态文明建设安徽样板实施方案》。

《实施方案》提出"1＋5"建设目标。"1"是一个总目标，到2020年，安徽省生态文明建设水平与全面建成小康社会目标相适应，资源节约型和环境友好型社会建设取得重大进展，"三河一湖"生态文明建设的安徽模式成为全国示范样板。"5"为五个分目标：国土空间开发新格局基本确立、资源利用更加高效、生态环境质量总体改善、生态文明重大制度基本确立、生态文明新风尚有效形成。

明确五项重点任务。实施方案明确五项重点任务，即：安徽将用5年时间，通过强化主题功能定位、创新驱动"调转促"、节约集约利用资源、保护修复生态系统、全面推进污染防治，打造绿色美好家园、绿色转型升级、绿色低碳循环发展、绿色秀美山川、蓝天碧水净土的安徽样板。

为此，安徽将全面推动调结构、转方式、促升级，严禁以任何形式核准或备案产能过剩行业新增产能项目，加大淘汰落后产能力度，对钢铁、水泥、电解铝、平板玻璃等行业新增产能实行等量或减量置换。加强资源节约集约利用，落实最严格的耕地保护制度，严格耕地保护责任目标考核，实施领导干部任期耕地保护责任离任审计。加强矿山土地复垦，确保矿山损毁土地复垦率达到100%。保护和培育森林生态系统，完善集体林权制度配套改革，建立健全县级林权交易平台、收储中心和林业融资担保机构。

出台三项保障机制。实施方案中明确了三项保障机制，其中包括加强法治建设、弘扬生态文化、切实加强组织领导。安徽将加快健全法规规章和标准体系，健全自然资源资产产权制度和国土空间用途管制制度，稳妥推进水流、森林、山岭、荒地、滩涂等所有自然生态空间统一确权登记，推动建立规划水资源论证制度，严格执行取水许可证制度。严守能源资源环境生态红线，探索建立资源环境承载能力监测预警机制，健全生态补偿机制，稳步推进大别山区水环境生态补偿工作，同时推广绿色信贷、能效信贷，探索排污权抵押等融资模式。在环境高风险领域建立污染强制责任保险制度，探索开展巨灾保险制度建设。尤其在推进市场化机制方面，制定有偿使用和交易管理暂行办法，建设全省排污权核定与交易动态管理平台，建立碳排放权交易核查体系和市场监管体系，探索并稳步推进用能权交易制度建设。同时，努力提高全民生态文明意识，在“三河一湖”流域先行先试，积极开展生态文明示范创建，大力倡导绿色生活方式，鼓励公众广泛参与。同时，狠抓贯彻落实，开展定期检查或专项检查，确保生态文明建设的各项任务落到实处。

六、《安徽省“十三五”生态保护与建设规划》

2016年8月，《安徽省“十三五”生态保护与建设规划》正式印发，明确提出到2020年，全省生态环境质量明显提高，重点治理地区的生态状况明显好转，生态系统的稳定性和防灾减灾能力明显增强，应对气候变化的能力明显提升，构筑好全省生态安全屏障的基本骨架，重点治理区的生态系统步入良性循环。

依据全国生态保护与建设规划，安徽省属于南方山地丘陵区和东部平原区。根据规划，全省生态保护与建设划分为淮北平原生态区、江淮丘陵生态区、皖西山地生态区、沿江平原生态区、皖南山地生态区。各区域生态保护与建设重点各有侧重，但总体上服务于主体功能区建设，构建科学合理的生态安全格局。

规划提出，重点构建皖西山区和皖南山区两大生态安全屏障。皖西山区生态安全屏障包括金寨、霍山、岳西、太湖和潜山5个县，面积1.24万平方公里，占全省面积的8.9%、生态安全屏障面积的40.26%。皖南山区生态安全屏障包括歙县、黟县、祁门、休宁、黄山、屯溪、徽州、青阳、泾县、旌德、绩溪、宁国和石台13个县(市、区)，面积1.84万平方公里，占全省面积的13.2%、生态安全屏障面积的59.74%。

规划提出九大重点任务：一是保护和培育森林生态系统。保护天然林资源、建设生态公益林和商品林、实施林业重点生态工程、加强中幼林抚育和低效林改造、增强林业碳汇功能、加大森林恢复力度、严格生态资源保护管理。二是保护和恢复湿地河湖生态系统。加大水源涵养区保护、开展湿地保护与恢复、加强水域生态功能区建设、建立生态补偿机制。三是保育和治理农田生态系统。稳定耕地面积、提升耕地质量、加大污染防治力度、强化监测力度。四是建设和改善城市生态系统。增加城市绿色空间、加强城市生态建设、开展城镇园林绿化提升。五是防治水土流失。坚持多措并举、强化工程治理、加大预防监督力度。六是保护生物多样性。加强自然保护地保护、开展生物物种资源调查监测、控制外来物种入侵。七是保护与合理利用水资源。合理调配生产生活用水、防治水污染、严格水资源管理制度。八是治理和修复沙化土地。强化林业生态建设、加强水利建设、完善生态监测体系。九是强化生态建设气象保障。加强生态保护人影建设、建立生态气象监测服务体系、开展气候监测及变化评估。

七、《关于健全生态保护补偿机制的实施意见》

实施生态保护补偿是调动各方积极性、保护好生态环境的重要手段，是生态文明制度建设的重要内容。近年来，国家各地区、各有关部门有序推进生态保护补偿机制建设，取得了阶段性进展。但总体来看，生态保护补偿的范围仍然偏小、标准偏低，保护者和受益者良性互动的体制机制尚不完善，一定程度上影响了生态环境保护措施的成效。为进一步健全生态保护补偿机制，加快推进生态文明建设，2016年4月，国家出台《关于健全生态保护补偿机制的意见》，对生态补偿提出了更高的目标和更具体的任务。国家文件出台后，安徽省政府办公厅于2016年8月公布了关于健全生态保护补偿机制的实施意见。

意见提出，到2020年，实现森林、湿地、水流、耕地等重点领域和禁止开发区域、重点生态功能区等重点区域的生态保护补偿全覆盖，补偿水平与经济社会发展状况相适应。国家新安江流域水环境、我省大别山区水环境等生态补偿试点示范取得更大进展，多元化补偿机制初步建立，基本形成符合我省省情的生态保护补偿制度体系，促进形成绿色健康的生产方式和生活方式。

意见明确提出，在江河源头区、集中式饮用水水源地、大江大河重要蓄滞洪区、具有重要饮用水源或重要生态功能的湖泊等区域，全面开展生态保护补偿，适当提高补偿标准；在淮河、长江干流以及重要支流启动开展省内地表水跨界断面生态补偿；将生态保护补偿作为我省探索建立大黄山国家公园的重要内容等。

就森林、湿地、耕地等领域，意见明确重点任务，如完善以购买服务为主的公益林管护机制，加大沿江、沿淮、沿湖及采煤沉陷区、黄河故道湿地恢复和崩岸治理力度，探索建立环巢湖国家湿地公园，对在地下水漏斗区、生态严重退化等地区实施耕地轮作休耕的农民给予资金补助等。

为推进实施，安徽省将建立多元投入机制，多渠道筹措资金，如积极争取国家补偿政策支持，完善省以下转移支付制度，逐步将资源税征收范围扩展到占用各种自然生态空间，鼓励受益地区与保护生态地区通过资金补偿、产业转移、共建园区等方式建立横向的生态保护补偿关系等。

八、《安徽省饮用水水源环境保护条例》

2016年9月30日，《安徽省饮用水水源环境保护条例》（以下简称《新条例》）经省第十二届人民代表大会常务委员会第三十三次会议通过，自2016年12月1日起施行。该条例对原2001年《安徽省城镇生活饮用水水源环境保护条例》（以下简称《旧条例》）进行了修改完善，更具可操作性，对全面抓好我省饮用水水源环境保护工作提供了法制保障。

《新条例》与《旧条例》的不同之处。

1.《新条例》与《旧条例》在适用范围上有所不同。2001年10月1日施行的《旧条例》适用范围仅限于城镇集中式饮用水水源的环境保护。在此之后，中共中央、国务院先后出台《关于加快推进生态文明建设的意见》《水污染防治行动计划》，提出实现城乡水环境保护一体化的要求。为实现以人为本的执政理念，保障政令畅通，《新条例》将适用范围扩大到城乡，包括城乡集中式饮用水水源和农村分散式饮用水水源的环境保护。

2.《新条例》与《旧条例》相比新增的内容。一是新增建立健全饮用水水源生态保护补偿机制；二是新增备用水源建设要求；三是新增建立饮用水水源环境保护协作机制；四是新增分散式饮用水水源的保护范围和保护措施；五是新增有关部门、乡镇政府及相关管理单位的监管职责；六是建立饮用水水源投诉举报制度；七是对《水污染防治法》等法律未涉及的破坏饮用水水源环境的行为，设定了相应的法律责任，并加大了处罚额度。通过加大对环境违法行为的处罚力度，纠正“违法成本低，守法成本高”的现象，形成环境执法的震慑，保障水源安全。

3.《新条例》与《旧条例》关于饮用水水源保护区的划分方法不同。《旧条例》采取“一刀切”的模式，对江河湖库地表水水源以及地下水水源保护区的划分做出了统一规定，与实际情况不相适应。为实现科学管理、保障饮用水水源安全的需要，《新条例》则按照国家《饮用水水源保护区划分技术规范》（HJ/T338—2007）的要求划分保护区范围。《新条例》规定，水源保护区划分主要参照《饮用水水源保护区划分技术规范》（HJ/T338—2007），划分方法为数值计算法和经验类比法。实际工作中，各地普遍采用经验类比法，确定各级保护区范围。

4.《新条例》对农村分散式饮用水水源提出要求。我省农村分散式饮用水水源点多、面广、管理难度大，多为联村、联户或单村、单户等形式，无法采取集中式的管理模式，必须依靠农民，通过制定并实施乡村民约，强化自律意识，实行自我保护，确保分散式饮用水水源安全。为此，《新条例》规定乡镇人民政府应当督促和指导分散式饮用水水源所在地村民委员会制定水源保护公约，明确保护范围，落实保护措施。分散式饮用水水源地表水、地下水的水质，不得低于国家《地表水环境质量标准》《地下水质量标准》Ⅲ类标准。在分散式饮用水水源保护范围内，不得清洗盛农药容器、有农药残留的容器以及衣物；不得堆积肥料；不得从事规模化畜禽养殖等行为。

5.《新条例》如何评价水源地达标或不达标。《新条例》规定，地表水水源地水质评价按照《地表水环境质量标准》的要求，一级保护区满足Ⅱ类水质要求，二级保护区满足Ⅲ类水质要求。地下水水源地水质评价按《地下水质量标准》Ⅲ类标准进行。

6.《新条例》对水质监测和信息发布作出规定。《新条例》对集中式饮用水水源地水质监测和信息发布作出规定。在实际工作中，各级环保部门按照环保部要求，定期对市县两级饮用水水源地水质开展监测。省级环境监测部门每月负责收集各地上报的集中式饮用水水源地水质监测数据，编写水质月报，并在省环保厅网站及省政务信息公开平台上向社会发布。

7.《新条例》补充了部分禁止行为和法律责任。与《旧条例》相比，《新条例》加大了对饮用水水源环境违法行为的治理力度，修改了一级保护区、二级保护区内生产生活的禁止行为，增加了施用高毒高残留农药、经营性取土和采石（砂）、规模化畜禽养殖、船舶停靠等对饮用水水源可能造成污染的禁止行为。在一级水源保护区内，共有15种行为被禁止，违者不仅会被责令停止违法行为，还将面临少则2000元，多则50万元的罚款。

8.《新条例》细化了部门职责。饮用水水源环境保护涉及政府多个职能部门。为发挥政府职能部门作用，《新条例》明确了水行政、林业、卫生计生、农业、渔业、国土资源、交通运输、住房城乡建设、公安机关等在饮用水水源环境保护监管方面承担的主体责任。目的是明晰部门职责，杜绝推诿扯皮，形成保护好饮用水水源的合力。

九、《安徽省五大发展行动计划》

2016年11月28日至29日，安徽省委十届二次全体会议审议通过了《安徽省五大发展行动计划》。通过五年的努力，实现：1.创新驱动力显著跃升，加快建成创新型“三个强省”。2.发展协调性显著增强，加快建成城乡区域一体化发展新体系。3.生态竞争力显著提高，加快建成生态文明建设的安徽样板。4.经济开放度显著扩大，加快建成双向互动、内外联动的内陆开放新高地。5.群众获得感显著增强，加快建成人民幸福、社会和谐的美好家园。

10月30日上午，中国共产党安徽省第十次代表大会在合肥隆重开幕。省委书记李锦斌代表中共安徽省第九届委员会向大会做题为《坚定不移闯出新路决战决胜全面小康　为建设创新协调绿色开放共享的美好安徽而奋斗》的报告。报告勾勒了未来五年安徽生态文明建设的新路径。

（一）筑牢生态安全屏障

全面落实主体功能区规划，划定并严守生态红线、耕地保护红线、城镇开发边界红线，加快建成生产空间集约高效、生活空间宜居适度、生态空间山清水秀的省域国土空间体系。坚持联防联控和流域共治，深入实施大气、水、土壤污染防治行动计划，深入推进以城市生态修复、“三线三边”为重点的城乡环境综合整治，加强采煤塌陷区生态修复和治理，解决好影响人民群众身体健康的突出环境问题。

（二）大力开展生态文明示范创建

实施森林和湿地资源保护、造林绿化提升等重大生态环保工程，建设生态优先、绿色发展的皖江生态文明建设示范区，建设人水和谐、绿色共享的淮河生态经济带，建设山水相济、人文共美的新安江生态经济示范区，建设城湖共生、宜居宜业的巢湖流域生态文明先行示范区，综合规划建设大黄山国家公园，加强大别山生态环境保护，争创国家旅游度假区，让良好的生态环境成为人民生活质量的增长点。

（三）构建绿色发展模式

强化资源节约集约高效利用，实行能源和水资源消耗、建设用地等总量和强度双控行动。大力发展绿色经济和生态环保产业，积极调整能源结构，发展清洁能源产业，支持传统产业清洁化生产、绿色化改造，统筹推动绿色产品、绿色工厂、绿色园区和绿色供应链发展，推动绿色建筑规模化发展，建立循环型工业、农业、服务业体系，培育生态经济新业态。提高全民生态文明意识，倡导绿色低碳的生活方式，形成人人、事事、时时、处处崇尚生态文明的社会氛围。

（四）完善生态文明制度

坚持源头严控、过程严管、后果严惩，构建产权清晰、多元参与、激励与约束并重、系统完整的生态文明制度体系。建立健全排污权、碳排放权、用能权、用水权交易制度，推行合同能源管理和环境污染第三方治理。完善生态保护补偿机制，实现重点领域和重要区域生态保护补偿全覆盖。建立健全自然资源资产产权制度和国土空间规划及用途管理制度，完善环境保护管理制度，建立资源环境承载能力监测预警机制。探索编制自然资源资产负债表，完善领导干部自然资源资产管理和环境保护责任离任审计制度，实行生态环保党政同责、一岗双责、终身追责制，切实用制度守护好青山绿水。

十、《安徽省党政领导干部生态环境损害责任追究实施细则（试行）》

《安徽省党政领导干部生态环境损害责任追究实施细则（试行）》于 2016 年 12 月 11 日颁布实施。《细则》明确了生态环境损害责任终身追究制，对违背科学发展要求、造成生态环境和资源严重破坏的，责任人不论是否已调离、提拔或者退休，都必须严格追责。地方各级党委和政府对本地区生态环境和资源保护负总责，党委和政府主要领导成员承担主要责任，其他有关领导成员在职责范围内承担相应责任。

省、市、县党委和政府的有关工作部门及其有关机构领导人员按照职责分别承担相应的责任。

《细则》的出台对加快推进生态文明建设、健全生态文明制度体系、强化党政领导干部生态环境和资源保护责任具有积极作用，同时《细则》对环保工作提出了更高的要求，强化了环保工作者所担负的历史责任。

《细则》全面落实各方责任，建立健全“属地管理、分级负责”“权责一致、终身追究”的责任体系，切实把“党政同责”“一岗双责”落到实处，扎实推进生态文明建设。加强监管体系建设，强化生态环境监测预警，加大执法力度，严格考核评价，形成监测体系、监管机制、考核机制三位一体联动推进的环保管控体系。认真抓好组织实施，加强督促检查、跟踪问效、考核问责，强化社会监督，着力解决突出的环境问题，让生态环境得到切实保护和有效治理，打造生态文明建设的安徽样板，建设绿色江淮美好家园。

第二章　安徽生态文明发展水平评价

2016年7月，安徽省委省政府印发了《关于扎实推进绿色发展着力打造生态文明建设安徽样板实施方案》，并要求各单位结合实际认真贯彻执行。

只有准确地了解、研判安徽省生态文明发展处于何种状态，才能更好地对生态文明发展提出政策建议。本章从资源、环境、经济、生活等四方面考虑建立生态文明评价体系，评价2015年安徽省各地市生态文明发展状况，并根据评价结果有针对性地提出政策建议。

第一节　指标体系的构建

一、指标体系的建立

为贯彻落实党中央、国务院关于加快推进生态文明建设的决策部署，指导和推动各地以市、县为重点全面推进生态文明建设，2016年1月28日，环境保护部正式印发《国家生态文明建设示范县、市指标（试行）》（以下简称《指标》），打造区域生态文明建设“升级版”。《指标》从生态空间、生态经济、生态环境、生态生活、生态制度、生态文化六个方面，分别设置38项（示范县）和35项（示范市）建设指标，是衡量一个地区是否达到国家生态文明建设示范县、市标准的依据。《指标》体现了中央关于经济社会发展的最新要求，尤其是十八届五中全会提出的创新、协调、绿色、开放、共享的五大理念。但考虑到指标数据的可获得性，本章从资源—环境—经济—生活的逻辑关系出发，从生态资源、生态环境、生态经济及生态生活等四个方面构建生态文明发展水平测度指标体系。

按照构建原则要求，将生态文明建设水平测度指标体系分为目标层、准则层和指标层三个层次[2]。准则层包括生态资源指标、生态环境指标、生态经济指标和生态生活指标。生态资源指标表征地区环境资源的分布特点与优缺性，指标层包括森林覆盖率（%）、人均水资源量（立方米/人）和人均耕地面积（亩/人）等。

生态环境表征地区资源条件与环境保护程度，综合比较地区环境优化投入比例，包括环境空气质量（%）、人均造林总面积（公顷/万人）、环境保护财政支出占比（%）一般工业固定废物综合利用率（%）和万元产值二氧化硫排放规模（kg/万元）。

生态经济表征地区经济发展程度、人均效率和资源消耗能力，包括单位地区生产总值能耗（吨标煤/万元）、单位地区生产总值用水量（立方米/万元）、规模以上工业企业平均产值（亿元/单位）和人均GDP（元/人）等指标。

生态生活表征地区人均环境与收入和消费水平，评价教育支出占比等情况，包括废水治理设施处理能力（万吨/日）、农村居民人均可支配收入（元）、城镇居民人均可支配收入（元）、教育财政支出占比（%）和居民人均社会消费品零售额（元/人）等指标。

由此可构建安徽省生态文明评价指标体系，见表2-1所列[3]。

表2-1 安徽省生态文明评价指标体系

目标层	准则层	指标层	计算方法	评价意义
安徽省生态文明综合评价	生态资源	森林覆盖率（%）	行政区森林面积/行政区土地总面积	评价劳动力和水等资源状况
		人均水资源量（立方米/人）	统计指标	
		人均耕地面积（亩/人）	总耕地面积/常住人口数	
	生态环境	环境空气质量（%）	空气质量达到或优于二级标准的天数/全年有效检测天数	评价资源条件与环境优化投入比例
		人均造林总面积（公顷/万人）	造林总面积/总人口	
		环境保护财政支出占比（%）	环境保护财政支出额/财政支出	
		一般工业固体废物综合利用率（%）	统计指标	
		万元产值二氧化硫排放规模（kg/万元）	二氧化硫排放量/GDP	

（续表）

目标层	准则层	指标层	计算方法	评价意义
安徽省生态文明综合评价	生态经济	单位地区生产总值能耗（吨标煤/万元）	能源消耗总量/地区生产总值	评价经济发展的规模、人均效率和资源消耗能力
		单位地区生产总值用水量（立方米/万元）	用水总量/地区生产总值	
		规模以上工业企业平均产值（亿元/单位）	规模以上工业企业总产值/规模以上工业企业数	
		人均 GDP（元/人）	统计指标	
	生态生活	废水治理设施处理能力（万吨/日）	统计指标	评价人居环境与生活方式
		农村居民人均可支配收入（元）	统计指标	
		城镇居民人均可支配收入（元）	统计指标	评价居民收入和消费水平以及教育支出占比
		教育财政支出占比（%）	教育财政支出额/GDP	
		居民人均社会消费品零售额（元/人）	社会消费品零售总额/总人口	

二、指标的解释

（一）生态资源是生态文明建设的基础

资源的丰富是检验生态文明建设的重要指标，而资源包含劳动力资源、水资源和耕地资源等多方面的资源。根据指标数据的可获得性，结合安徽省生态文明建设的资源基础特征，选取了人均造林总面积、人均水资源量和人均耕地面积三个指标来判定生态资源的优越情况。

1. 森林覆盖率是指地区森林面积占土地面积的百分比，其计算公式为：行政区森林面积/行政区土地总面积；

2. 人均水资源量是指该地区平均每人的水资源量的数量，其计算公式为：水资源总量/总人口；

3. 人均耕地面积是指该地区平均每人的耕地面积，其计算公式为：总耕地面积/常住人口数。

（二）环境优化是生态文明建设的措施

环境优化可以从环境质量改善和生态系统保护两个方面进行讨论，环境质量改善的评价指标可选取环境空气质量和森林覆盖率，而又可以通过环境保护财政支出占财政总支出的比重、一般工业固体废物综合利用率和万元产值二氧化硫排放规模来衡量地区生态系统保护的力度。

1. 环境空气质量是指地区空气质量达到或优于二级标准的天数占全年有效检测天数的比例，其计算公式为：空气质量达到或优于二级标准的天数/全年有效检测天数；

2. 人均造林总面积是指该地区造林总面积与总人口数的比值，其计算公式为：地区造林总面积/总人口；

3. 环境保护财政支出占比是指地区环境保护财政支出占地区总财政支出的比例，其计算公式为：环境保护财政支出/总财政支出；

4. 一般工业固体废物综合利用率是指地区工业固体废物综合利用量占工业固定废物产生量的比例，属于统计指标；

5. 万元产值二氧化硫排放规模是指地区每万元GDP二氧化硫排放量，其计算公式为：二氧化硫排放量/地区GDP；

（三）经济效率是生态文明建设的根本

尤其对于我们发展中国家而言，尽管生态文明发展被提上日程，我们仍然不能放弃人民经济水平的提高。生态经济指标的选取不仅仅要利用常见的经济指标，例如人均GDP和规模以上工业企业平均产值，还应该考虑地区资源节约利用能力，故还选取了单位地区生产总值能耗、单位地区生产总值用水量，这样才能更全面地反映生态经济能力，而不只是单纯的经济指标。

1. 单位地区生产总值能耗是反映能源消耗水平和节能降耗状况的主要指标，是一个能源利用效率指标，属于统计指标；

2. 单位地区生产总值用水量是指地区用水总量占地区生产总值的比例，其计算公式为：用水总量/地区GDP；

3. 规模以上工业企业平均产值是指规模以上工业企业总产值与规模以上工业企业数的比值，其计算公式为：规模以上工业企业总产值/规模以上工业企业数；

4. 人均GDP是指该地区平均每人的生产总值的数量，其计算公式为：该地区本年度GDP总额/本年度该地区人口总数。

（四）生态生活是生态文明建设的目标

之所以提出生态文明建设，是为了将人与自然和谐相处做到更好，而进行生态文明建设的最终目的是提高人民的生态生活质量。综合考虑，发现人居环境的改善可以体现在城镇居民人均可支配收入、教育财政支出占比和居民人均社会消费品零售额等评价居民收入和消费水平的指标上。另一方面，生活方式的绿色化也是生态生活质量提高的表现，故还选取了废水治理设施处理能力和农村居民人均可支配收入两个指标。这样一来，会使整个指标体系更加全面[4]。

1. 废水治理设施处理能力是指污水处理厂每昼夜处理污水的吨数，属于统计指标；

2. 农村居民人均可支配收入是指农村居民的实际收入中能用于安排日常生活的收入，用以衡量农村居民收入水平和生活水平；

3. 城镇居民人均可支配收入是指城镇居民的实际收入中能用于安排日常生活的收入，用以衡量城市居民收入水平和生活水平；

4. 教育财政支出占比是指地区教育财政总支出占财政总支出的比例，其计算公式为：教育财政支出/财政总支出；

5. 居民人均社会消费品零售额是指地区平均每人社会消费品零售总额的数量，其计算公式为：社会消费品零售总额/地区总人口。

第二节 数据来源和评价模型

一、数据来源和处理

安徽省在2010年前将行政区域划分为17个地级市，2011年开始三分巢湖市，这样现在共16个地级市。本章所选取的指标时间为2015年。本章中的全国性数据主要来源是2015—2016年的《中国统计年鉴》和《中国环境年鉴》，安徽省的数据来源则主要是2016年的《安徽省统计年鉴》以及各地级市的统计年鉴和相关公文上的数据，其中有些数据还来源于安徽省水利厅的相关文件。

从表2-2可以看出，安徽省生态文明评价指标中除人均GDP和人均造林总面积两个指标没有达到全国水平外，其他指标值均在全国值上下波动。

表2-2 安徽省生态文明指标最优值、最差值和全国值

指标	属性	最优值	最差值	全国值
森林覆盖率（%）	正指标	82.57（黄山）	8.68（淮南）	21.63
人均水资源量（立方米/人）	正指标	10112.40（黄山）	259.27（淮南）	2039.20
人均耕地面积（亩/人）	正指标	2.39（滁州）	0.70（黄山）	0.72
环境空气质量（%）	正指标	0.97（黄山）	0.67（淮北）	0.71
人均造林总面积（公顷/万人）	正指标	47.45（滁州）	7.50（淮南）	55.90
环境保护财政支出占比（%）	正指标	7.33（铜陵）	1.44（亳州）	1.28
一般工业固体废物综合利用率（%）	正指标	99.26（阜阳）	68.92（宿州）	60.78
万元产值二氧化硫排放规模（kg/万元）	负指标	1.05（黄山）	11.67（淮北）	2.23
单位地区生产总值能耗（吨标煤/万元）	负指标	0.37（黄山）	1.17（马鞍山）	0.75
单位地区生产总值用水量（立方米/万元）	负指标	104.71（合肥）	513.26（六安）	108.20
规模以上工业企业平均产值（亿元/单位）	正指标	0.79（合肥）	0.23（宣城）	0.50
人均GDP（元/人）	正指标	25604.49（池州）	3067.67（阜阳）	41135.52
废水治理设施处理能力（万吨/日）	正指标	315.60（马鞍山）	5.58（黄山）	60.03
农村居民人均可支配收入（元）	正指标	16331（马鞍山）	9001（阜阳）	11427.1
城镇居民人均可支配收入（元）	正指标	42853.91（马鞍山）	27025.84（六安）	25668.39
教育财政支出占比（%）	正指标	19.15（阜阳）	9.88（黄山）	16.42
居民人均社会消费品零售额（元/人）	正指标	23066.94（合肥）	6303.60（宿州）	12223.40

二、层次分析法

本章采用层次分析法建立了1个目标层、4个准则层和17个指标层，可以将4个准则层设为$C_i(i=1,2,3,4)$，17个指标层为$C_{ij}(i=1,2,3,4,j=1,2,3,4,5)$，设每个指标的权重为$y_{ij}(i=1,2,3,4,j=1,2,3,4,5)$，且其中有$\sum_{j=1}^{5} y_{ij}=1,(i=1,2,3,4,j=1,2,3,4,5)$，层次分析法的建模流程如下[5]。

（一）对数据进行预处理，消除量纲的影响，进行归一化，得到指标层的评价值 $C_{ij}(i=1, 2, 3, 4, j=1, 2, 3, 4, 5)$；

（二）对每一个指标进行赋权，准则层的评价采用指标层各指标的综合评价，有 $C_i=C_{i1}y_{i1}+C_{i2}y_{i2}+\cdots C_{i5}y_{i5}$，$i=1, 2, 3, 4$；

（三）最后进行目标层的综合评价，目标层评价采用各准则层取均值开放式评价，有 $C=\sum_{i=1}^{4}\sum_{j=1}^{5}C_{ij}$，$i=1, 2, 3, 4, j=1, 2, 3, 4, 5$。

三、指标的归一化处理

本章选取的是 2015 年安徽省各市生态文明指标值，进行综合评价必须找到评价的参考值，故可利用 2015 年全国指标为参考值对数据进行预处理，这样做出来的结果便是安徽省各市生态文明发展状况较全国平均水平的发展的情况，具有一定的现实意义，进而可将全国指标设为及格线，即赋权为 0.6 进行打分。

选取的 17 个指标根据属性的不同，可分为正指标和负指标，正指标的含义是在进行综合评价时，此指标值越大越优，负指标则相反。可设全国 2015 年所选取的指标数据为 H_{ij}，$i=1, 2, 3, 4, j=1, 2, 3, 4, 5$，对于正指标而言，当 $\frac{C_{ij}}{H_{ij}}$ 较大时，则意味着此指标处于全国发展水平的较高阶段，相反对于负指标而言，当 $\frac{H_{ij}}{C_{ij}}$ 较大时，则意味着此指标处于全国发展水平的较高阶段[6]。

正指标评价公式为 $C_{ij(归一)}=\frac{C_{ij}}{H_{ij}}\times 0.6$，负指标评价公式为 $C_{ij(归一)}=\frac{H_{ij}}{C_{ij}}\times 0.6$，进行处理后的各指标数据见表 2-3 所列。

表 2-3　安徽省生态文明指标层评价值

指标	合肥	芜湖	蚌埠	淮南	马鞍山	淮北
森林覆盖率（%）	0.05	0.12	0.12	0.00	0.10	0.14
人均水资源量（立方米/人）	0.04	0.08	0.03	0.00	0.07	0.00

（续表）

指标	合肥	芜湖	蚌埠	淮南	马鞍山	淮北
人均耕地面积（亩/人）	0.28	0.20	0.47	0.38	0.27	0.56
环境空气质量（%）	0.03	0.34	0.10	0.41	0.26	0.00
人均造林总面积（公顷/万人）	0.19	0.39	0.24	0.00	0.26	0.08
环境保护财政支出占比（%）	0.19	0.18	0.05	0.14	0.23	0.06
一般工业固体废物综合利用率（%）	0.75	0.58	0.90	0.57	0.58	0.78
万元产值二氧化硫排放规模（kg/万元）	0.03	0.27	0.16	0.99	0.53	1.00
单位地区生产总值能耗（吨标煤/万元）	0.04	0.14	0.16	0.46	1.00	0.60
单位地区生产总值用水量（立方米/万元）	0.00	0.45	0.36	0.46	0.90	0.03
规模以上工业企业平均产值（亿元/单位）	0.89	0.43	0.27	0.40	0.41	0.32
人均 GDP（元/人）	0.36	0.24	0.16	0.26	0.67	0.11
废水治理设施处理能力（万吨/日）	0.42	0.10	0.02	0.28	1.00	0.16
农村居民人均可支配收入（元）	0.92	0.95	0.35	0.16	1.00	0.12
城镇居民人均可支配收入（元）	0.75	0.58	0.32	0.45	1.00	0.27
教育财政支出占比（%）	0.60	0.52	0.95	0.58	0.65	0.76
居民人均社会消费品零售额（元/人）	1.00	0.61	0.47	0.28	0.53	0.26
指标	铜陵	安庆	黄山	滁州	阜阳	宿州
森林覆盖率（%）	0.23	0.43	1.00	0.08	0.13	0.24
人均水资源量（立方米/人）	0.03	0.21	1.00	0.10	0.00	0.01
人均耕地面积（亩/人）	0.08	0.23	0.00	1.00	0.14	0.37
环境空气质量（%）	0.35	0.56	1.00	0.17	0.39	0.16
人均造林总面积（公顷/万人）	0.18	0.61	0.70	1.00	0.06	0.23
环境保护财政支出占比（%）	1.00	0.09	0.84	0.11	0.01	0.10
一般工业固体废物综合利用率（%）	0.71	0.92	0.19	0.90	1.00	0.00
万元产值二氧化硫排放规模（kg/万元）	0.60	0.06	0.00	0.18	0.14	0.31
单位地区生产总值能耗（吨标煤/万元）	0.48	0.22	0.00	0.25	0.53	0.29
单位地区生产总值用水量（立方米/万元）	0.51	0.55	0.16	0.62	0.38	0.16
规模以上工业企业平均产值（亿元/单位）	1.00	0.11	0.03	0.13	0.02	0.05
人均 GDP（元/人）	0.66	0.15	0.32	0.24	0.00	0.00

（续表）

指标	铜陵	安庆	黄山	滁州	阜阳	宿州
废水治理设施处理能力（万吨/日）	0.24	0.10	0.00	0.07	0.04	0.09
农村居民人均可支配收入（元）	0.30	0.13	0.39	0.15	0.00	0.02
城镇居民人均可支配收入（元）	0.73	0.13	0.31	0.15	0.10	0.11
教育财政支出占比（%）	0.45	0.94	0.00	0.65	1.00	0.98
居民人均社会消费品零售额（元/人）	0.46	0.28	0.63	0.18	0.04	0.00

指标	六安	亳州	池州	宣城
森林覆盖率（%）	0.49	0.12	0.69	0.67
人均水资源量（立方米/人）	0.19	0.01	0.62	0.43
人均耕地面积（亩/人）	0.38	0.42	0.35	0.37
环境空气质量（%）	0.43	0.24	0.90	0.43
人均造林总面积（公顷/万人）	0.40	0.28	0.87	0.69
环境保护财政支出占比（%）	0.20	0.00	0.55	0.11
一般工业固体废物综合利用率（%）	0.23	0.94	0.83	0.71
万元产值二氧化硫排放规模（kg/万元）	0.12	0.15	0.51	0.29
单位地区生产总值能耗（吨标煤/万元）	0.24	0.12	0.70	0.34
单位地区生产总值用水量（立方米/万元）	1.00	0.28	0.64	0.54
规模以上工业企业平均产值（亿元/单位）	0.14	0.08	0.08	0.00
人均 GDP（元/人）	0.34	0.05	1.00	0.36
废水治理设施处理能力（万吨/日）	0.11	0.04	0.10	0.05
农村居民人均可支配收入（元）	0.03	0.10	0.34	0.45
城镇居民人均可支配收入（元）	0.00	0.07	0.16	0.49
教育财政支出占比（%）	0.99	0.68	0.38	0.55
居民人均社会消费品零售额（元/人）	0.13	0.05	0.30	0.42

四、对指标层赋权

层次分析法的赋权方法有多种，本章采用熵值法，按照信息论基本原理的解释，信息是系统有序程度的一个度量，熵是系统无序程度的一个度量，如果指标的信息熵越小，该指标提供的信息量越大，在综合评价中所起的作用理当越大，权重就应该越高，其主要步骤如下[7]。

（1）构建各年份各评价指标的判断矩阵；

（2）将判断矩阵进行归一化处理，得到归一化判断矩阵；

（3）根据熵的定义，根据各年份评价指标，可以确定评价指标的熵；

（4）定义熵权，定义了第 n 个指标的熵后，可得到第 n 个指标的熵权；

（5）计算系统的权重值。

此种赋权方法可以通过 MATLAB 软件实现，最终得到各指标的权重，见表 2-4 所列。

表 2-4　安徽省生态文明建设指标层各指标权重

准则层	指标层	权重
生态资源	森林覆盖率（%）	0.0632
	人均水资源量（立方米/人）	0.7620
	人均耕地面积（亩/人）	0.1748
生态环境	环境空气质量（%）	0.1752
	人均造林总面积（公顷/万人）	0.2294
	环境保护财政支出占比（%）	0.3108
	一般工业固体废物综合利用率（%）	0.0720
	万元产值二氧化硫排放规模（kg/万元）	0.2126
生态经济	单位地区生产总值能耗（吨标煤/万元）	0.1398
	单位地区生产总值用水量（立方米/万元）	0.2707
	规模以上工业企业平均产值（亿元/单位）	0.3656
	人均 GDP（元/人）	0.2239
生态生活	废水治理设施处理能力（万吨/日）	0.3521
	农村居民人均可支配收入（元）	0.2454
	城镇居民人均可支配收入（元）	0.1795
	教育财政支出占比（%）	0.0602
	居民人均社会消费品零售额（元/人）	0.1628

第三节 评价结果分析

一、安徽省各市评价结果分析

（一）目标层评价

各指标的权重已经得到，便可以根据上述层次分析法的理论计算出综合得分，结果见表 2-5 所列。

表 2-5 安徽省生态文明评价各市综合得分及排名

地区	合肥	芜湖	蚌埠	淮南	马鞍山	淮北	铜陵	安庆
综合得分	1.88	1.21	0.90	0.82	1.53	0.83	1.52	1.03
排名	2	7	9	13	4	12	5	8
地区	黄山	滁州	阜阳	宿州	六安	亳州	池州	宣城
综合得分	2.31	0.88	0.48	0.57	0.91	0.64	1.67	1.28
排名	1	11	16	15	10	14	3	6

为了使结果更直观，可相应做出折线图，如图 2-1 所示。

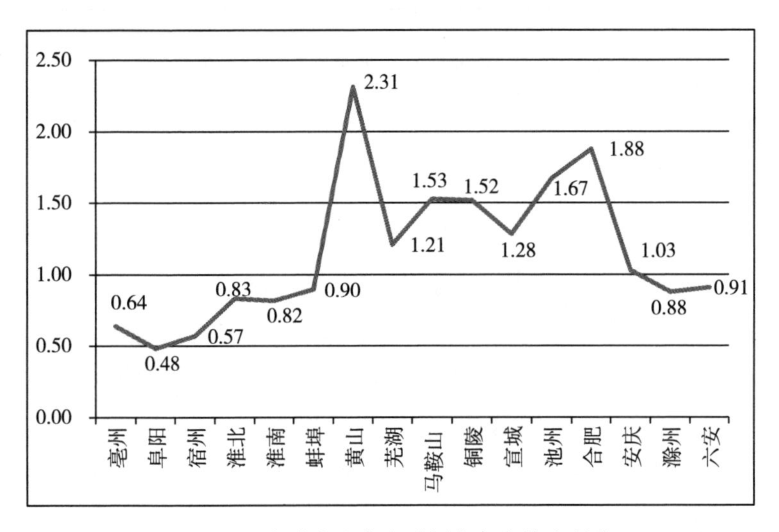

图 2-1 安徽省生态文明评价各市综合得分

由表2-5和图2-1可以很直观地看出，安徽省生态文明建设经评价后黄山市得分最高，为第一名，其次是省会合肥市，处于中等偏上水平。全省平均水平为1.15，高于平均水平的城市有合肥、芜湖、马鞍山、铜陵、黄山、池州和宣城，低于平均水平的有蚌埠、淮南、淮北、安庆、滁州、阜阳、宿州、六安和亳州。由于生态文明建设考虑的是多方面的指标，得分最高的黄山市尽管经济发展水平不如合肥、芜湖等，但是其生态禀赋较好，自然资源丰富，为生态文明建设的实施创造了很好的先天条件。

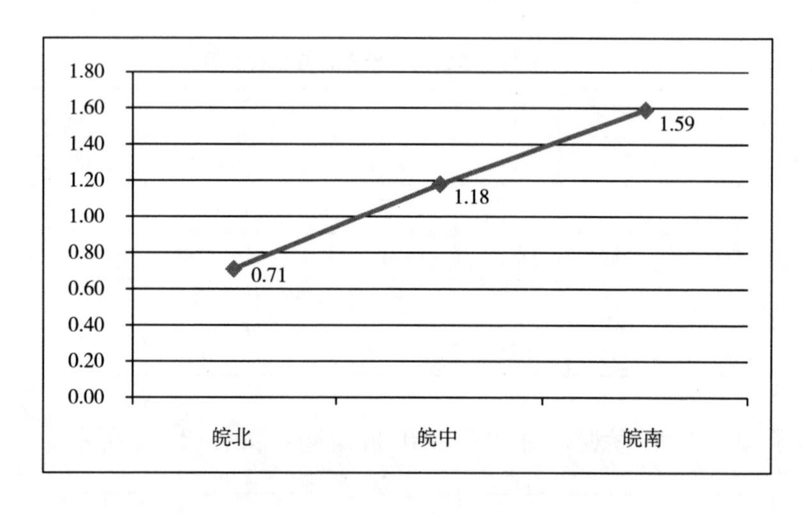

图2-2 安徽省生态文明评价区域综合得分

目前安徽区域，常划分为皖北、皖南、皖西与皖江四个部分，但是皖江与皖南、皖西有重复，不便于作分析，因此本章从自然区域划分，可将安徽省分为皖北、皖中和皖南地区，其中，皖北地区指淮河以北区域，包括亳州、阜阳、宿州、淮北、淮南和蚌埠，皖中地区即江淮之间，包括合肥、安庆、滁州和六安，皖南地区指长江以南地区，包括黄山、芜湖、马鞍山、铜陵、宣城和池州。从综合得分来看，皖北、皖中、皖南的生态文明情况依次递增，皖南地区平均得分最高，为1.59，这与其天然的地理环境有着很大的关系，皖北地区生态环境较差，应加强区域生态文明发展建设。

（二）准则层评价

1. 生态资源

从生态资源方面来看，黄山和池州较其他城市有较大优势，这与其天然的地理优势是分不开的。相对来说综合发展能力较高的合肥、芜湖、蚌埠的资源条件没有那么优越，这也在一定程度上阻碍了其生态文明发展进程。全省生态资源平均得分为 0.26，高于平均值的有安庆、黄山、滁州、六安、池州和宣城，低于平均值的有合肥、芜湖、蚌埠、淮南、马鞍山、淮北、铜陵、阜阳、宿州和亳州，在生态文明建设过程中，这些城市应当立足于生态资源的保护与合理利用，力求可持续发展。从区域发展来看，皖北、皖中和皖南生态资源的平均得分分别为 0.10、0.43 和 0.25，即皖中生态资源情况最优，其次是皖南，最后是皖北，这表明皖北城市在未来的生态文明建设中，应加强资源保护，节约能源。

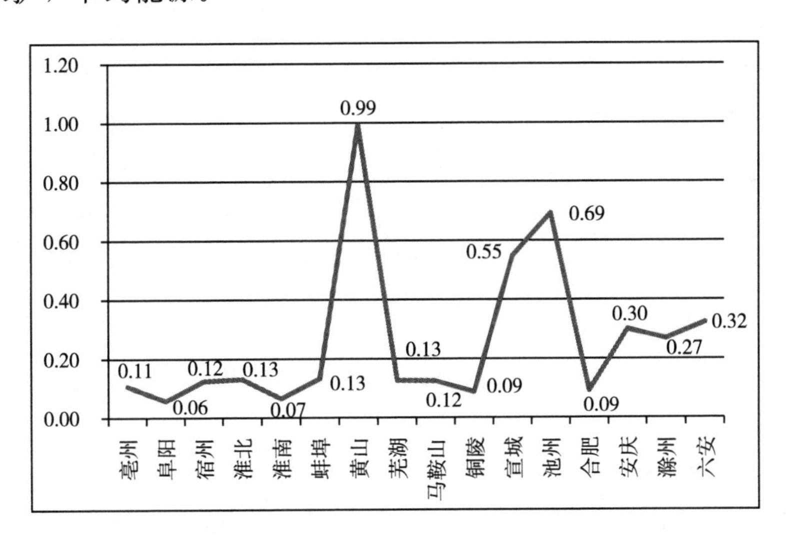

图 2-3　安徽省各市生态资源得分

2. 生态环境

从生态环境方面来看，黄山和池州较其他城市有较大优势，两者都远远高于安徽省生态环境得分均值 0.27。本章中所选取的生态环境指标可以评价环境优劣与优化投入比例。除去天然条件较好的黄山和池州等，可以看出，较发达地区如合肥、芜湖和铜陵，其环境优化发展也非常不错，这说明各级政府在发展经济的同时，越来越注重环境保护与生态健康。从区域环境保护来看，皖北、皖中和皖南的生态环境平均得分分别是0. 16、0. 38和0. 29，可以看出，皖北城市在环境保护方面做得还不足，较皖中、皖南地区有一定差距，故皖北地区应加强环境保护，合理制定政策，改善环境质量。当然，这也警示我们在以后的发展中，不能仅仅追求经济的快速发展，还应当制定措施，坚定不移地走可持续发展道路。

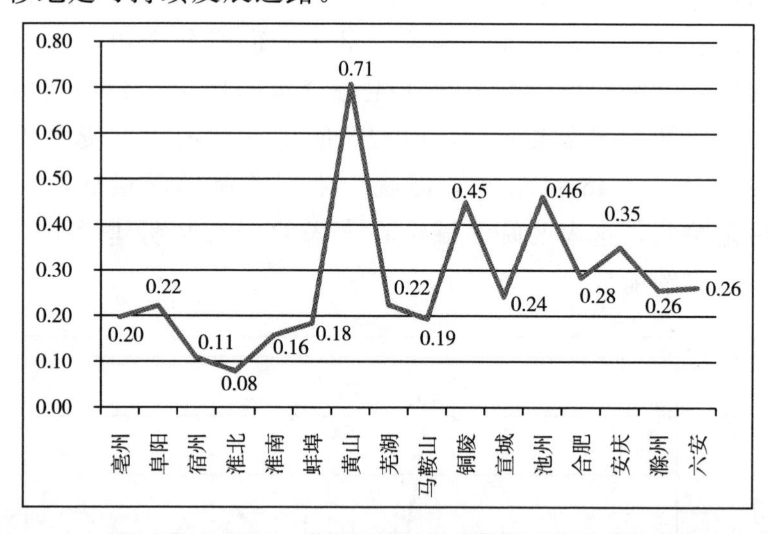

图2-4 安徽省各市生态环境得分

3. 生态经济

从生态经济方面来看，合肥、铜陵较其他城市有较大优势，这与近年来政府着力加强重点城市发展息息相关。生态经济模块所选取的指标可以评价经济发展的规模、人均效率和资源消耗能力。从整体看，全省生态经济得分均值为0.31，高于全省平均值的有合肥、芜湖、马鞍山、淮北、铜陵和黄山，低于全省平均值的有蚌埠、淮南、安庆、滁州、阜阳、宿州、六安、亳州、池州和宣城。这些城市在生态发展进程中，不仅仅要做到环境和资源的优化保护，还应当善于利用天然的自然优势，做到经济体制优化改革，加快经济发展的步伐，做到综合发展能力的逐步提高。从区域发展来看，皖北、皖中和皖南生态经济平均得分分别是0.26、0.35和0.35，即皖中和皖南生态经济得分一样，均高于皖北地区。这表明随着近些年来安徽省产业结构的不断调整，皖北地区经济发展动力不足，地方政府应认真规划，在保证生态状况良好的情况下，促进经济稳定持续发展。

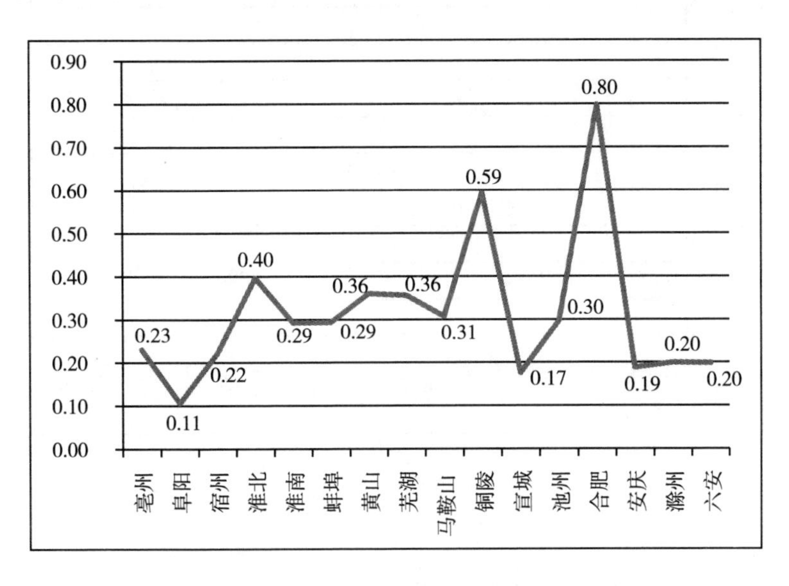

图 2-5　安徽省各市生态经济得分

4. 生态生活

从生态生活方面来看，马鞍山和合肥较其他城市有较大优势，说明这两座城市相对而言生活条件较好，人居环境较为舒适。生态生活评价的是居民收入、消费水平及教育程度等，这些便是生态发展的目标。从整体看，全省生态经济得分均值为 0.31，高于全省平均值的有合肥、芜湖、马鞍山、铜陵和宣城，低于全省平均值的有蚌埠、淮南、淮北、安庆、黄山、滁州、阜阳、宿州、六安、亳州和池州。这些城市在生态文明发展建设中，应加强发展，弥补劣势。例如教育的发展，教育信息不发达的地区可借鉴其他发达地区的教育体制，加大教育发展投资力度，为培养更多的优秀人才努力。从区域发展来看，皖北、皖中和皖南生态生活平均得分分别是 0.19、0.43 和 0.29，皖中生态生活发展水平最优，其次是皖南地区，最后是皖北地区，这说明皖北地区生活条件和居住环境相较于皖中、皖南地区有一定差距。这也要求各地区在发展过程中学会权衡重要性，不能一味地追求某一方面的发展。

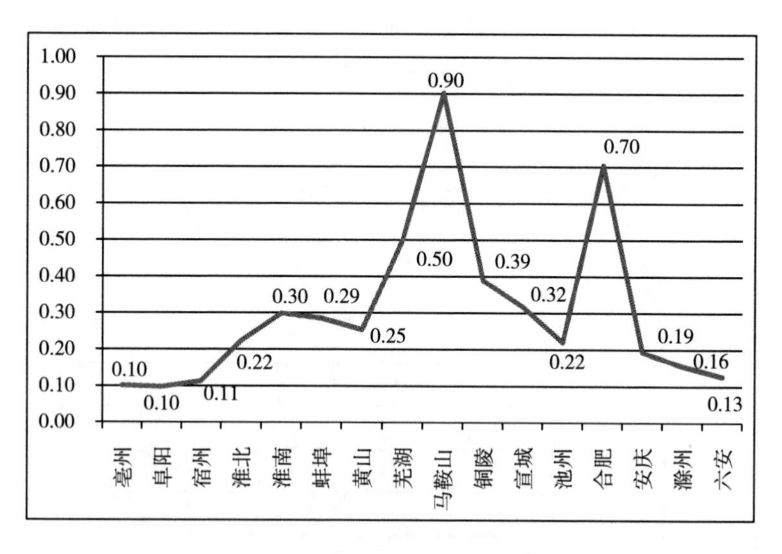

图 2-6　安徽省各市生态生活得分

二、与长江经济带省市的比较

以上利用层次分析法对安徽省各市生态文明进行了综合评价，接下来借助了相同的分析方法对 2015 年长江经济带 11 个省市的生态文明进行评价，判断安徽省在长江经济带区域中生态文明进程处于何种水平，据此对安徽省的生态文明发展提出更加合理的政策建议。

表 2-6　长江经济带生态文明评价各省市综合得分及排名

地区	上海	江苏	浙江	安徽	江西	湖北
得分	1.94	1.69	2.20	1.17	2.07	1.29
排名	3	5	1	11	2	10
地区	湖南	重庆	四川	云南	贵州	
得分	1.63	1.29	1.31	1.84	1.57	
排名	6	9	8	4	7	

为了更直观分析长江经济带生态文明发展状况，做出以下折线图。从表 2-6 及图 2-7 可知，长江经济带 11 个省市 2015 年生态文明

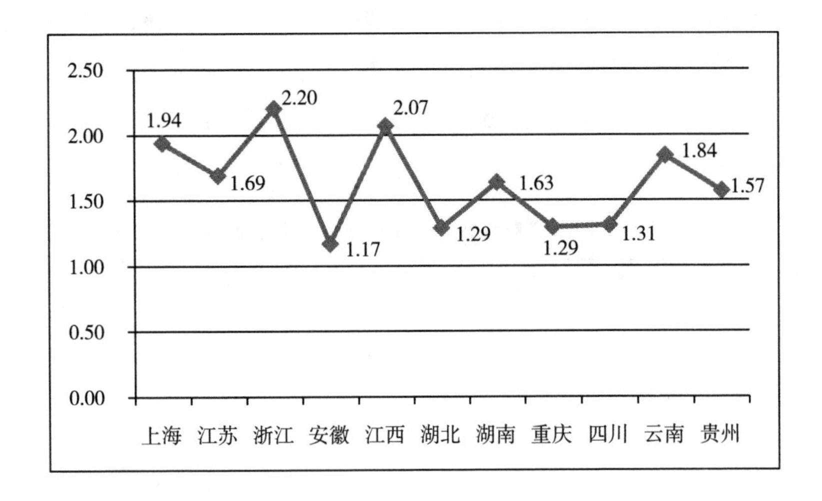

图 2-7　长江经济带各省市生态文明得分

评价得分最高的是浙江省，其值为 2.20，安徽省生态文明评价位于最后一名，较第一名浙江省有一定的差距。上海、江苏和浙江属于发达省市，其生态文明的评价更多地可以依赖于经济环境的良好发展。而重庆、四川、云南和贵州较发达省市经济状况一般，但是生态禀赋较好，能够为生态文明发展提供良好的生态资源，这也是其综合评价较优的原因。但是安徽省在 11 个省市中经济状况一般，资源环境也有所欠缺，故综合得分较低。这要求安徽政府应立足于安徽实际，制定并落实切实可行的生态发展方案，不可盲目追寻经济利益的最大化，要做到可持续发展。

从生态文明发展的各个模块入手，长江经济带 11 个省市 2015 年生态资源得分最高的是云南省，安徽省在长江经济带中位于第九位，资源得分上较第一名云南省（0.91）有一定的差距；从生态环境来看，安徽省的排名和生态资源一致，仍居长江经济带第 9 名，不同的是，较第一名上海市的环境得分差距不是很大，说明长江经济带 11 个省市生态环境整体差距不大；从生态经济排名来看，上海市属发达地区，经济得分为 0.82，居长江经济带第一位，安徽省生态经济在长江经济带中居最后一名，较第一名上海市经济发展差距较大；从生态生活得分来看，安徽省居长江经济带第 6 名，较第一名江苏省（0.68）差距略大，但在长江经济带中居于中游地位，生态生活发展需进一步提高。总的来看，安徽省的生态发展在长江经济带中排名较为落后，表明安徽省在生态文明发展过程中还存在很多不足，应扬长避短，努力提高安徽省生态文明建设水平。

表2-7 长江经济带生态文明评价各省市各层面得分及排名

地区	生态资源得分	生态资源排名	生态环境得分	生态环境排名	生态经济得分	生态经济排名	生态生活得分	生态生活排名
上海	0	11	0.45	1	0.82	1	0.66	3
江苏	0.16	10	0.23	8	0.62	3	0.68	1
浙江	0.47	6	0.36	4	0.69	2	0.68	2
安徽	0.37	9	0.23	9	0.33	11	0.24	6
江西	0.87	2	0.38	2	0.59	4	0.23	7
湖北	0.41	7	0.17	10	0.38	9	0.32	4
湖南	0.59	4	0.28	7	0.44	6	0.32	5
重庆	0.37	8	0.34	5	0.42	7	0.16	9
四川	0.58	5	0.14	11	0.36	10	0.23	8
云南	0.91	1	0.37	3	0.46	5	0.10	10
贵州	0.79	3	0.32	6	0.38	8	0.07	11

第四节 政策建议

安徽省在生态文明发展的过程中存在很多不足，与长江经济带发达地区水平有不小的差距，因此我们必须重视和加强生态文明建设，确保在发展过程中，实现生态环境与经济环境的双发展，既要有“金山银山”，又要有“绿水青山”。

据此，我们针对安徽省生态发展现状给出以下建议。

基于全省视角：（1）强化生态保护意识。意识形态的形成是任何发展的前提，对生态文明发展而言更是如此。生态文明建设是社会公众的共同责任，要建立一套生态教育机制、生态行为规范和生态消费模式，推动生态文明成为社会主流价值观，让生态文明意识成为社会各界的行动自觉。(2) 增强生态监管机制，优化考核制度。由于安徽在过去的几十年一直致力于经济水平的发展，因此经济考核制度十分完善，相比较而言，生态文明考核制度近些年来才引起社会相关学者的重视。要改变这种局面，强化生态文明建设责任并建立健全完善的生态文明考核机制，就需要将经济发展与生态文明评价有机结合起来，做到绿色发展。(3) 提高试点项目的示范效应。推进生态文明建设应充分发挥已有的国家级和省级示范项目的引领作用，并支持其他有条件的地区申报国家级和省级生态文明各类示范项目。(4) 加快产业调整步伐。在供给侧结构性改革的大背景下，应加快产业调整步伐，建设生态产业体系，构建节约环保的产业结构。(5) 健全节能减排机制。为加速安徽省生态文明发展进程，应加快节能减排技术研发，健全节能减排技术进步机制，增强自主创新能力，培育节能减排市场体系以及推广服务体系。

基于各市视角：安徽省地市较多，且生态文明发展状况各有优劣。根据安徽省各市生态文明综合评价结果，可将安徽省各市发展情况分为三组：第一组是合肥、芜湖、蚌埠、马鞍山和铜陵，第二组是黄山、池州、六安、宣城和安庆，第三组是淮南、淮北、滁州、阜阳、宿州和亳州。第一组各市的特点是经济发展水平较高、人均生活水平较高，但是由于资源条件或生态环境发展力度的不足，导致其在生态文明发展过程中不能做到全面均衡发展。这也要求各级政府和当地居民能够认识到要想全面发展，不能仅仅依靠于经济发展，而应该更多地将关注度转向资源和环境保护。由于天然的资源劣势，那么在发展过程中就应当注重资源保护投资力度与可持续发展的理念，使资源和环境能够得到更加合理地利用。第二组各市的特点是资源条件优越，环境保护力度较高，但是根本性的经济发展与人均生活水平相对处于劣势，这与其优越的自然资源相关。在生态文明评价中，自然资源是极其重要的，这也给这些地区带来了很大的发展潜力。故而在生态文明发展中，这些地区应当擅于发掘自身的资源与环境特点，利用这些优势去提高自身的经济与生活水平，例如旅游业的兴起可以带动地方经济，促进地区消费。这也要求各级政府认真制定针对性的措施，在坚持资源与环境保护的基础上，加强经济发展，做到全面均衡发展。第三组的特点是生态文明各方面水平都较为落后，应该认识自身不足，善于学习与追赶，积极抓住自身某一方面的相对优势，重点发展，同时在注重保护环境的基础上，使其综合水平逐步提高。这些地区由于发展水平相对落后，这也给以后的发展带来了空间，生态文明发展是现阶段的当务之急，故这些地区在接下来的发展中可以学会全面考虑，着眼于未来，而不是仅仅追求某一方面的进步，这样也能给其未来发展能力的提高奠定较好的基础。

总而言之，生态发展将是未来社会发展的必然趋势，这要求各地方政府积极利用自身特点，发挥长处，弥补不足，不断提高整体生态发展水平。

第三章 安徽生态补偿效益评价

2003年安徽省提出建设“生态安徽”，由此开启了安徽省生态文明建设的历程。在安徽省生态文明建设的进程中，生态补偿建设也在一步步开展，涉及森林、水环境、矿产、农业等方面的补偿工作都有序推进。2011年11月，国家启动新安江流域生态补偿试点，这是国内第一个跨省流域生态补偿，由此，安徽和浙江开启了跨省流域生态补偿的新模式和新机制。2014年，安徽省在大别山区启动实施水环境生态补偿机制。2016年，安徽省根据本省实际制定《关于健全生态保护补偿机制的实施意见》。经过多年建设与发展，安徽省生态补偿工作取得了较大成效，环境、经济、社会方面的效益凸显。

第一节 安徽省生态补偿现状分析

一、安徽省生态补偿发展历程

在国家生态补偿政策惠及安徽的同时，安徽省也根据本省实际积极探索建立生态补偿制度。目前，安徽省生态补偿涉及森林生态效益补偿、退耕还林补偿、矿产资源补偿、水环境补偿、农业生产补偿等。

1994年，安徽省开始对矿产资源征收补偿费，这是安徽省最早具有生态补偿性质的政策。2002年，根据国家多部门联合发布的《关于下达2002年退耕还林任务计划的通知》，安徽省开始了退耕还林和荒山荒地造林建设。2003年，国家公布第一批开展森林生态效益补偿试点的11个省份，安徽省是其中之一，由此开启了森林生态效益补偿基金的建立与发展。2011年，国家启动新安江流域生态补偿试点，成为国内第一个跨省的流域生态补偿，安徽和浙江开启了基于“利益共享、责任共担”的跨省流域生态补偿新模式和新机制。2014 年，安徽省在大别山区启动实施水环境生态补偿机制，这是安徽省继新安江流域试点之后建立的第一个省级层面的生态补偿制度。2014 年，安徽省修订并通过《安徽省实施〈中华人民共和国水土保持法〉办法》，要求在县级以上建立水土保持生态补偿机制。同年，制定《安徽省水土保持补偿费征收使用管理实施办法》，开始征收水土保持补偿费。此外，安徽省近年来也在积极探索开展排污权交易、水权交易、湿地补偿、空气质量生态补偿机制等试点工作。

目前，安徽省生态补偿主要以政府为主导的方式，市场手段虽有所发展，但远不成熟。政府主导的生态补偿包括财政政策和政府直接投资两类。财政政策以财政转移支付、补偿金、退税、补贴以及税收减免等资金补偿的方式进行，其中，财政转移支付是最主要的一种方式。政府直接投资主要是指政府以直接投资方式进行基础设施和生态环境工程建设。由于我国市场经济程度不断加深，运用市场手段解决生态环境问题越来越受到关注，当前市场手段发展的还不完善，各级政府都在积极寻求建立生态补偿的市场化机制。安徽省生态补偿市场化途径主要有清洁发展机制、排污权交易、生态产品标志等。

二、政府主导下的生态补偿

（一）安徽省生态补偿转移支付

1. 中央财政的转移支付

2008 年，中央财政设立国家重点生态功能区转移支付，并不断扩大支持范围和额度，至 2015 年中央财政累计下拨国家重点生态功能区转移支付 2513 亿元，2016 年预算为 570 亿元。根据《国家主体功能区划》和《国家重点生态功能区转移支付办法》，安徽省涉及 1 个国家重点生态功能区的 6 个县获得了中央财政生态补偿转移支付资金。在矿山治理恢复上，2008—2014 年安徽省累计获得中央财政专项转移支付 10.11 亿元。2016 年，中央对安徽省一般性转移支付预算为

1422.17 亿元，专项转移支付 580.80 亿元，税收返还 150.90 亿元。

2. 安徽省政府财政转移支付

根据中央政府财政转移支付情况，安徽省结合本省实际，制定对省级和市级财政转移支付。安徽省最新生态补偿相关项目转移支付预算见表 3-1 所列。

表 3-1　2016 年安徽省生态补偿相关项目转移支付预算　单位：万元

	污染防治	能源节约利用	污染减排	农业	林业	扶贫	国土资源事务
合计	19767.7	4400	3762	38576.6	7127.6	20000	33627.5
合肥	799	450	217	3926.5	253.7	0	677
淮北	407	50	232	1142.9	52.8	0	5233
亳州	351	0	222	2147.2	191.9	3200	720
宿州	428	200	266	3209.5	517.3	3600	1564
蚌埠	383	350	143	1537.2	52.8	200	1786
阜阳	328	350	213	3383.3	537.1	4400	520
淮南	528	100	156	1109.3	99.3	400	1040
滁州	384	100	230	3805.5	735.3	400	3175.4
六安	12225	350	133	4779.8	865.7	3840	5493.1
马鞍山	656	400	584	1490.1	72.7	0	185
芜湖	656	400	307	1814.8	143.8	0	430
宣城	609	400	276	2601.7	661.9	0	1754
铜陵	548	300	159	644.2	153.7	0	544.3
池州	362	350	207	1394.3	696.9	160	3236.2
安庆	829.7	400	218	3485.7	1136.6	3800	4795.9
黄山	274	200	199	2104.6	956.1	0	2473.6

资料来源：安徽省财政厅

（二）安徽省森林生态效益补偿

1. 森林生态效益补偿

为了对生态公益林进行保护，2001 年国家开始部署森林生态效益补偿工作，建立补偿制度，设立补偿基金。国家公布的第一批开展森林生态效益补偿试点的11个省份，安徽省是其中之一。这些政策的实施，尤其是森林生态效益补偿基金制度的实施，给安徽省森林生态系统的保护与建设提供了政策与资金上的保障，工作取得了相应成效。

2014年，安徽省公益林面积达2494.84万亩，占全省森林面积近44%，覆盖了省内重点水源地，主要河流、湖泊、水库和水土流失区。其中，国家级公益林1767.54万亩，省级公益林721.52万亩[①]。森林生态效益补偿制度的建立，对安徽省森林保护与建设起到重要作用，在一定程度上推进了森林系统所产生的生态效益向生态产品转化，有效推动了安徽省林业经济从粗放向集约转变，实现林业经济增长方式的质变。

2. 退耕还林补偿

为改善生态环境，加强水土保持，减少风沙危害，2002—2005年，国家开始实施退耕还林工程，安徽省累计完成退耕地造林330万亩。为了对退耕还林成果进行有效巩固，2007年国家制定《巩固退耕

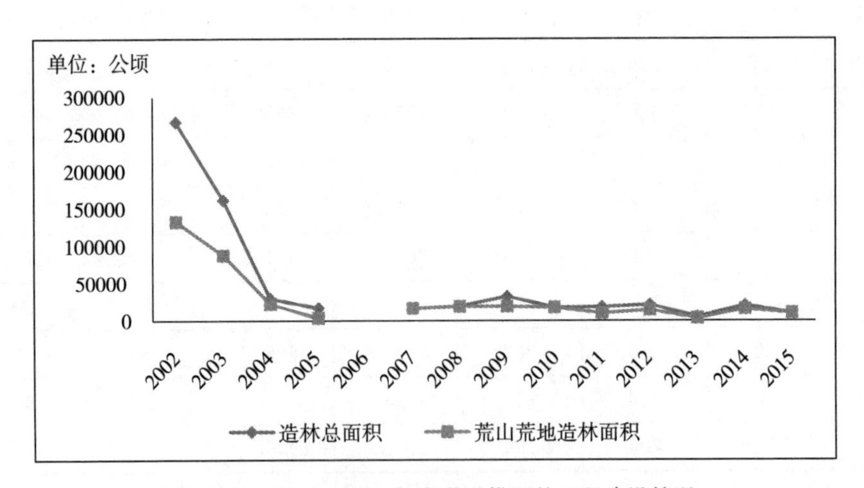

图3-1　2002—2015年安徽退耕还林工程建设情况

注：退耕地造林面积数据缺失年份较多，故在此未列出；2006年造林总面积与荒山荒地造林面积数据缺失。

① http://www.ah.gov.cn/UserData/DocHtml/1/2014/11/6/2792249350098.html

还林成果专项资金使用和管理办法》，2008 年启动巩固退耕还林成果专项建设。安徽省巩固退耕还林成果规划期限为 2008—2015 年，至 2014 年该规划累计争取中央财政专项资金 20.97 亿元[①]。退耕还林及巩固成果工程进行得比较顺利，各项工作取得了明显成效，对安徽省林业建设与生态环境保护具有推动作用；同时也为农村产业结构调整与农民收入增加做出极大的贡献。目前，新一轮退耕还林还草总体方案在进一步进行，其补助资金管理实施细则也相应进行了完善。

（三）其他生态补偿状况

1. 矿产资源补偿

安徽省自 1994 年征收矿产资源补偿费以来，征收额保持稳定增长，管理制度逐步规范，取得了成效。2010 年至 2015 年，安徽省矿产资源补偿费累计征收入库 31 亿元，全额纳入财政预算管理，用于治理生态环境和补偿相关生态环境受害者。2011 年至 2015 年，安徽矿山治理情况如图 3-2 所示。政府投入资金逐年增加，近两年增幅较大，2012 年生态环境破坏严重，治理恢复效果较差，其他年份治理恢复效果较好。

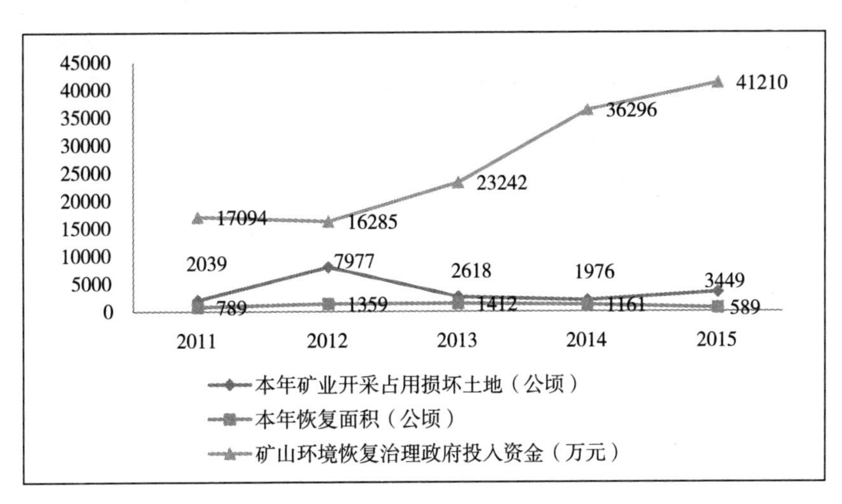

图 3-2　2011—2015 年安徽矿山治理情况

① http：//ah.anhuinews.com/system/2014/09/03/006533805.shtml

2. 水环境生态补偿

近年来，安徽省典型的水环境生态补偿包括新安江生态补偿和大别山区生态补偿。2011 年，国家在新安江启动实施跨省流域生态补偿试点，试点期限为 3 年。在试点期内，国家划拨资金给安徽，先对新安江进行治理。试点期结束时，根据安徽与浙江交界处水质情况判断是否符合考核要求。如果水质变好，则浙江要付给安徽 1 亿元"补偿"，如果水质变差，则安徽付给浙江 1 亿元。2011—2013 年，新安江流域总体水质都能达到要求，故浙江省向安徽省支付 2 亿元补偿，生态补偿试点取得阶段性成效。

2014 年，安徽省在合肥市、六安市和岳西县启动大别山区水环境生态补偿机制，旨在对大别山区水源地污染进行有效防治，保护水质。通过省级财政与两市一县地方财政共同设立补偿资金，调节水源地上下游地区之间的利益关系。根据断面水质监测数据，2015 年 8 月，霍山出境水断面指数 pH 值为 0.82，9 月份为 0.78，数值连续下降，且一些指数如总磷、总氮也达到Ⅱ类水指标[①]；巢湖流域水环境质量得到改善，2015 年杭埠河、丰乐河水质达到或优于地表水环境质量标准Ⅲ类，万佛湖及其上游河棚河、晓天河水质稳定保持在地表水Ⅱ类，总体来看，大别山区水环境生态补偿初步显现成效。目前，六安市已分类实施第一批大别山区水环境生态补偿补助资金项目 37 个，总投资 1.94 亿元；完成了第二批 44 个项目专家论证工作，总投资 2.07 亿元；启动了第三批大别山区水环境生态补偿资金项目谋划工作，已谋划项目 52 个，预计总投资 2.70 亿元。

3. 农业生产补偿

2015 年，安徽省为支持耕地地力保护，在试点县（市、区）将原有补贴合并设立"农业支持保护补贴"，发放给有承包权的种地农民。为推进农作物秸秆禁烧和综合利用，防治大气污染，安徽省对农作物秸秆回收进行补偿。为了加强农业面源污染防治和农业生态

---

① 张应松．一泓清流润江淮——安徽省大别山区水环境生态补偿机制运行情况调查［J］．环境教育，2016（4）．

环境改善，安徽省强调要探索建立关于农业面源污染防治的生态补偿机制。

三、市场主导下的生态补偿

（一）清洁发展机制

清洁发展机制（CDM）是一种基于市场的比较机动的温室气体减排机制。它允许发达国家与发展中国家配合协作来开展项目，发达国家对发展中国家提供相应的资金和技术，让发展中国家提高技术与能源利用率，由此带来温室气体排放量的减少，即以发展中国家的减排量来实现其在《京都议定书》中承诺的温室气体减排量。清洁发展机制可以说是一种双赢的机制，发达国家通过这种方式实现减排任务要远低于其在本国国内所需成本；而发展中国家获得相关技术与资金，有利于实现经济发展方式的转变。

清洁发展机制项目主要以减排和碳汇交易为主。减排项目是指可以减少温室气体排放的项目，以提高能源利用效率为主，大部分分布于能源工业等行业。碳汇交易项目注重森林碳汇作用，要求加强森林植被恢复及保护，通过开展造林、再造林项目实现碳汇。

目前，安徽省清洁发展机制项目已批准 96 项，已注册 67 项，已签发 34 项。减排类型以新能源和可再生能源、节能和提高能效为主。

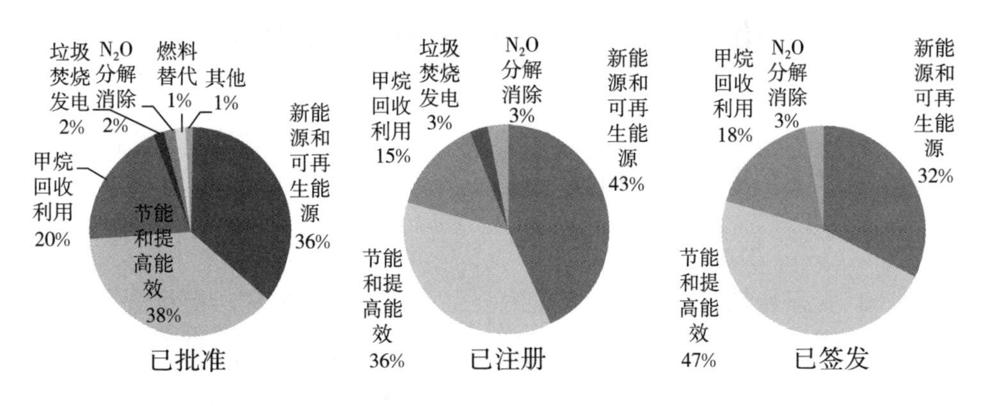

图 3－3　安徽已批准、已注册、已签发的 CDM 项目减排类型

资料来源：中国清洁发展机制网

（二）排污权交易

排污权交易起源于美国，美国运用排污权交易的理论实施了大气污染物排放交易和水质交易。此后，德国、英国、澳大利亚等国家先后开展排污权交易实践，我国借鉴其他国家的经验，于20世纪80年代开始探索排污权交易实践。

排污权交易是指在污染物排放总量一定的情况下，排污单位之间通过购买或出售排污量进行调剂，把排污总量控制在允许排放的量上，从而达到减排与保护环境的目的。也就是说，排污权可以按照一定的市场规则在不同市场主体之间进行买卖，以此对污染物排放进行控制，实现环境资源的最优配置。排污权交易是一项基于市场的制度安排，排污权的卖方由于实现超量减排而使排污权剩余，然后将余下的排污权出售给其他方获取一定的回报，这实际上可以看成是市场对有环保行为的一方给予的经济补偿。

虽然安徽省没有被国家列为排污权有偿使用和交易试点，但在安徽省内，有关部门积极探索排污权交易、水权交易制度，推进环境污染第三方治理，积极探索相关市场化机制以吸引社会范围内的资本投入到生态环境保护上来。在“十二五”期间，安徽省计划建立排污权交易管理中心与交易平台，设立排污权储备专项资金，启动交易试点[①]。

第二节　安徽省生态补偿效益评价

一、方法选取与指标构建

（一）评价方法选取

由于生态补偿效益评价涉及生态、经济等多方面，指标之间存在相关性，且多个指标计算起来也较为复杂，为了让指标之间互不相关，明确影响生态补偿效益的主要因素，提高评价指标权重确定的客观性，

---

① http：//news. sina. com. cn/o/2012－09－21/101825223681. shtml

本书选择主成分分析法。在分析生态补偿资金效率时，选择广泛用于绩效或效率评价的数据包络分析法。

1. 主成分分析法

主成分分析法是在分析指标之间结构关系的基础上，利用降维思想，将相互关联的指标进行综合，从而把多个指标转化为少量指标。其优点在于可以将多变量的数据进行最佳综合简化，综合指标互不相关又保留主要信息，便于分析主要问题。主成分分析法中确定各主成分权数的依据是通过计算分析得出的贡献率，有较好的客观性和合理性，更有利于进行评价分析。综上所述，主成分分析法最终的综合评价结果是客观合理，易于理解且是唯一的。

具体步骤如下：

(1) 原始数据的标准化处理。通常情况下，一些变量具有不同的量纲，有的变量值在数量级上也存在较大差异，直接比较会引出新的问题。为了消除变量在量纲和数量级上的不同所带来的不利影响，在进行主成分分析之前要先将各项指标的原始数据进行标准化处理。数学公式：

$$Z_i = \frac{x_i - \overline{x}}{S} \tag{3-1}$$

其中，Z_i、x_i、$\overline{x}$、S 分别为各指标标准化数值、各指标原始数据、第 i 项指标的平均值以及标准差。

(2) 计算相关系数矩阵以及特征值和特征向量。根据已经标准化的数据求出指标相关系数矩阵 $\boldsymbol{R}$。解方程 $|R—\lambda I|=0$ 可以得到矩阵 $\boldsymbol{R}$ 的特征根 λ_i 和特征向量 U_i。

(3) 计算方差贡献率和累积贡献率，确定主成分个数。其中，$\lambda_i / \sum_{i=1}^{n} \lambda_i$ 为第 i 个主成分的方差贡献率。贡献率的值越大，表明新变量综合原来 n 个指标信息的能力越强。$\sum_{i=1}^{k} \lambda_i / \sum_{i=1}^{n} \lambda_i$ 为前 k 个主成分的累积贡献率。累计贡献率的值越大，表明前 k 个主成分综合能力越强，反映的信息量越大。主成分个数要根据其累积贡献率和特征值的情况确定，以累积贡献率 $\sum_{i=1}^{k}\lambda_i/\sum_{i=1}^{n}\lambda_i \geqslant 80\%$ 为依据，即 k 个主成分能够提取原来变量至少 80% 以上的信息，且特征根 $\geqslant 1$，由此确定出 k 个主成分：

$$F_i = U'_i X,\ i=1,\ 2,\ \cdots,\ k(k \leqslant n) \tag{3-2}$$

$$\text{即综合效益评价} = \lambda_1/\sum_{i=1}^{k}\lambda_i \cdot F_1 + \lambda_2/\sum_{i=1}^{k}\lambda_i \cdot F_2 + \cdots + \lambda_k/\sum_{i=1}^{k}\lambda_i \cdot F_k \tag{3-3}$$

（4）对 k 个主成分进行综合评价。通过计算，得出 k 个主成分的数值，对 k 个主成分进行加权求和，将数值代入(3-3)式即得出最终评价值。为使综合评价值更加直观，可以对结果再进行一次标准化处理。

2. 数据包络分析法

数据包络分析（DEA）是评价具有多个投入，多个产出的决策单元间的相对有效性的一种方法，广泛用于绩效或效率评价。通过 DEA 分析，可以得到相对有效率单位（DEA=1）和无效率单位（DEA <1），这样可以识别相对无效率的单位，衡量无效率的严重性，并且通过对比有效率单位与相对无效率单位，找到降低无效率单位的方法。DEA 方法的优点在于它无须指定生产函数形态就可以评价决策单位的效率，其衡量的结果可以不受投入产出数据单位的影响，且无须提前设定好投入产出之间的权重，具有很好的客观性。当然这种方法也有其限制性，比如评价易受极值影响。本书采用 DEA 中的 CCR 模型，用以评价决策单元的整体有效性。

（二）评价指标构建

1. 指标选取原则

（1）科学性原则。首先，选取指标要有充分的科学依据。依据科学性建立的指标体系能够客观地反映安徽省生态补偿的作用及效益，能够反映各项指标之间真实的依存关系。其次，指标数据的搜集也要有一定的科学依据。

（2）全面性原则。生态补偿类型多样，有森林生态补偿、农业生态补偿、水资源生态补偿等等，生态补偿效益也体现在多方面，因此在建立指标体系时，要尽可能考虑全面，涉及生态补偿的各个方面，使指标体系具有一定的完整性。

（3）系统性原则。生态补偿效益评价可看作是一个复杂的大系统，它包括若干子系统，子系统又由各项指标构成，这些指标之间相互联系、相互影响，共同构成一个有机整体。基于系统性的考量，在确定指标体系时，要层次分明，自上而下，层层递进，最终构建一个密不可分的评价指标体系。

（4）代表性原则。虽然建立指标体系要求考虑全面，但生态补偿这样一个复杂的大系统，涉及的内容相当广泛，指标选取不可能做到面面俱到，因此，指标体系的设置要根据简洁明了、方便有效的原则，选取有代表意义的指标，尽可能准确地反映出安徽省生态补偿效益评价的内容。

（5）可操作性原则。指标体系必须具有可操作性，要能够进行对比和量化，这是建立指标体系的关键一步。指标选取的计算量度和方法要统一一致，同时要考虑搜集数据难易程度与量化问题。有些指标对生态补偿评价有很强的代表作用，但其数据缺失或者不能量化，就不能加到指标体系中。

2. 指标体系构建

本书在建立指标体系时，从经济、环境、社会三个方面进行考虑，在参照了单薇、方茂中（2009），孙贤斌、黄润（2012），谭映宇等（2012）以及郭玮、李炜（2014）构建生态补偿效益评价指标体系的基础上，根据指标选取原则，结合安徽省生态补偿效益状况，对指标进行选择与删减，最终建立起三层次生态补偿效益评价指标体系结构框架，具体由 1 个目标层、4 个准则层、19 项指标组成，见表 3 - 2 所列。

表 3-2 安徽生态补偿效益评价指标体系

目标	准则	指标
生态补偿效益	经济协调发展	人均 GDP
		生态补偿投入（资金投入）
		生态环境支出占 GDP 比重
		农村居民人均纯收入
	生态补偿和生态环境	人均森林面积
		人均耕地面积
		森林覆盖率
		自然保护区占比
		有效灌溉面积
		造林总面积
		治理水土流失面积占辖区比重
		治涝地面积占耕地面积比例
	环境污染和资源消耗	二氧化硫排放量
		工业废水排放量
		工业废气排放量
		人均每天生活用水量
	环境治理	工业固体综合利用率
		城市污水处理率
		空气质量

二、指标数据处理

首先，本书指标数据来源于中国统计年鉴、中国环境统计年鉴和安徽统计年鉴。其次，基于本书选取的评价方法与构建的指标体系，需要对指标数据进行处理。

先对原始数据进行处理。由于指标体系中存在逆指标，所以需要把相应指标转换成正指标。如环境污染和资源消耗准则层中的 4 个指标，其数值越大越不好，因此转换后得到“矫正”的新指标，新指标的数值越大意味着环境污染及资源消耗越少，环境污染的程度越低，即变成了正向指标。为了消除变量之间量纲不同的问题，需要将上述指标数据进行标准化处理后，再进行相关主成分分析。

三、安徽省生态补偿效益评价实证分析

（一）安徽省生态补偿效益评价的时间维度分析

1. 安徽省生态补偿效益评价的时间维度结果

运用 SPSS 软件进行运算，得出相关结果。

表 3－3　方差解释率

成分	旋转平方和载入		
	特征值	方差贡献率（%）	累积方差贡献率（%）
1	8.947	47.088	47.088
2	5.023	26.434	73.523
3	2.426	12.766	86.289

注：其余主成分未填写。

通过观察表 3－3，存在 3 个主成分的特征值 $\lambda \geqslant 1$，特征根分别是 $\lambda_1=8.947$，$\lambda_2=5.023$，$\lambda_3=2.426$。这 3 个主成分的累计方差贡献率占总方差的 86.289%，已经可以反映出全体指标的大部分信息，因此选取前 3 个主成分来建立评价模型，将 λ_1，λ_2，λ_3 代入(3－3) 式，得到生态补偿效益评价模型：

$$Y=0.546F_1+0.306F_2+0.148F_3 \tag{3-4}$$

得到(3－4) 式之后，要分析表 3－4 的结果，然后进行相关计算。表3－4 的结果表明 19 项指标分别与组合成的 3 个主成分之间的相关性大小。生态补偿投入、生态环境支出占 GDP 比重、农村居民人均纯收入、人均森林面积、人均耕地面积、森林覆盖率、造林总面积、治理水土流失面积占比、治涝地面积占耕地面积比例、城市污水处理率、空气质量这 11 个指标与第一主成分联系最密切，可以看出这个主成分反映的是生态补偿投入及生态环境治理的效果信息，所以把这个主成分称为生态补偿效益因子(F_1)。工业废水排放量、工业废气排放量、人均每天生活用水量与第二个主成分相关程度较高，主要体现了资源环境污染和消耗情况，所以把第二个主成分称为资源环境消耗与污染

因子（F_2）。第三个主成分与人均GDP指标关系最密切，所以把第三个主成分称为经济发展因子（F_3）。

表3-4 正交旋转后的主成分矩阵

	成分		
	1	2	3
人均GDP	0.416	0.044	0.904
生态补偿投入	0.91	0.378	0.117
生态环境支出占GDP比重	0.827	0.095	0.469
农村居民人均纯收入	0.842	0.516	0.036
人均森林面积	0.912	0.21	−0.085
人均耕地面积	0.904	−0.123	0.183
森林覆盖率	0.874	0.355	−0.097
自然保护区占比	0.042	−0.281	0.805
有效灌溉面积	0.555	0.728	0.043
造林总面积	0.806	0.184	0.005
治理水土流失面积占辖区比重	0.944	0.07	0.128
治涝地面积占耕地面积比例	0.841	0.376	−0.226
二氧化硫排放量	−0.775	−0.592	−0.076
工业废水排放量	0.073	−0.978	0.849
工业废气排放量	0.07	0.725	0.045
人均每天生活用水量	−0.7	−0.604	−0.277
工业固体综合利用率	0.142	0.558	0.624
城市污水处理率	0.896	0.189	0.37
空气质量	−0.932	−0.32	−0.02

通过分析结果计算因子得分，根据（3-4）式计算得到生态补偿效益综合评价值，最后将效益评价分数值进行极差标准化处理，相关结果见表3-5所列。安徽省生态补偿效益评价方法：以0为下限，1为上限，数值靠近0，表明该年生态补偿效益不理想；数值靠近1，则表明该年生态补偿效益好。

表 3-5　2005—2015 年安徽省各主成分得分列表

时间	生态补偿效益	资源环境消耗与污染	经济发展	综合得分	综合评价指标得分	
					标准化前	标准化后
2005	－1.4396	－0.5657	－2.1066	0	－1.2709	0
2006	－1.5630	0.2397	0.0786	0.2195	－0.7684	0.2195
2007	－0.8925	－0.0006	0.7681	0.3919	－0.3738	0.3919
2008	－0.5684	－0.2817	0.6204	0.4221	－0.3047	0.4221
2009	－0.0863	－0.2961	1.1417	0.5688	0.0312	0.5688
2010	0.2948	－0.2382	0.8407	0.6480	0.2125	0.6480
2011	0.6608	－0.8483	0.4748	0.6301	0.1715	0.6301
2012	0.9071	－0.8417	0.2624	0.6760	0.2766	0.6760
2013	1.1170	0.0320	－0.9841	0.7623	0.4740	0.7623
2014	1.3003	－0.0224	－1.1430	0.7885	0.5339	0.7885
2015	0.2699	2.8230	0.0470	1	1.0181	1

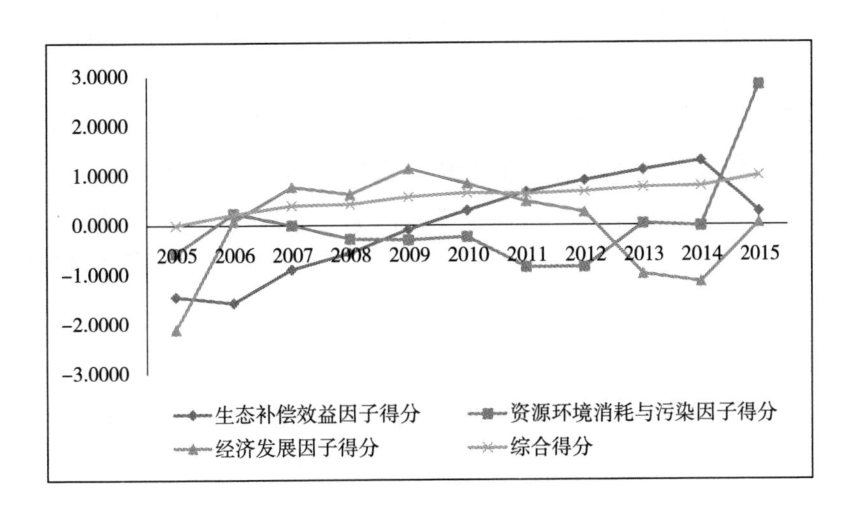

图 3-4　2005—2015 年安徽省生态补偿效益评价值

由于数据上的局限，本书得出的评价结果是相对十年间生态补偿效益的评判，评价结果具有相对性而非绝对性。根据（3-4）式可以看出：3 个主成分是引起安徽省生态补偿效益变化的主要因子，反映了安徽省生态环境治理和生态补偿效益变化的不同阶段，其中，生态补偿效益主成分（F_1）是重要的判别指标。根据表 3-5 和图 3-4：在 2005—2015 年间，标准化后的综合评价得分呈上升趋势，说明安徽省生态补偿效益逐年递增，生态环境逐渐改善。具体来看，前 3 年生态环境改善效果不显著，生态补偿效益较差；自 2008 年起逐渐改善，尤其是在 2009 年以后，综合评价得分超过 0.5，表明生态环境状况和补偿效益明显改善。这样的结果与安徽省生态建设以及生态补偿的发展紧密相连。

2. 安徽省生态补偿效益评价的时间维度分析

2004 年以前，由于长期以牺牲生态资源环境为代价获取经济发展，使一系列的生态环境问题日渐突出：森林湖泊面积缩减、水土流失加剧、资源消耗量增加、生物多样性减少、环境污染加重等，而对生态环境问题重视不够，环境治理效果和生态补偿效益相对较低。

从 2004 年开始，省政府制定《安徽省生态省建设总体规划纲要》，由此拉开生态省建设的序幕。2005—2007 年，生态省建设全面展开，政府积极发展循环与生态经济，努力培育生态产业，扎实推进生态建设和环境保护，启动了矿山生态环境整治、水土保持、退耕还林、天然林保护、自然保护区建设等一系列生态建设工程，以淮河、巢湖流域为重点组织开展污染治理项目建设。随着各项工作的积极开展，安徽省环境污染及生态恶化的趋势得到有效遏制，一些重要的生态功能区也得到恢复和重建，但受此前多种因素的长期影响，安徽省生态建设发展水平起点并不高，故而在 2005—2007 年期间，生态补偿效益虽逐渐显现，但仍旧较低。

2007 年以后，安徽生态省建设系列工程逐步实施，同时一系列生态补偿计划或工程项目也深入推进，如巩固退耕还林成果专项建设、水土保持生态补偿和农业生产补贴补偿等。这些生态补偿措施的开展实施将生态环境保护与建设推向了迅速发展的新阶段，因而生态补偿效益评价模型中的 F_1 与表 3-4 中的人均森林面积、人均耕地面积、森林覆盖率、造林总面积、治理水土流失面积占比、治涝地面积占耕地面积比例、城市污水处理率、空气质量等指标相关性最大，并且由表 3-5 评价结果得出 2009 年以后安徽省生态环境质量显著改善，环境治理和生态补偿效益明显提高。

（二）安徽省生态补偿效益评价的空间维度分析

1. 各省份生态补偿效益评价结果及分析

（1）各省份生态补偿效益评价结果及分析

相关结果见表3－6、表3－7和表3－8所列。

表3－6　方差解释率

成分	旋转平方和载入		
	特征值	方差贡献率%	累积方差贡献率%
1	6.727	37.370	37.370
2	3.184	17.690	55.060
3	2.050	11.391	66.451
4	1.886	10.476	76.927
5	1.702	9.457	86.384

注：其余主成分未填写。

观察表3－6可以发现，存在5个主成分的特征值$\lambda \geqslant 1$，它们的累计方差贡献率达86.384%，已经能够反映出全部指标主要信息。5个特征根分别是$\lambda_1 = 6.727$，$\lambda_2 = 3.184$，$\lambda_3 = 2.050$，$\lambda_4 = 1.886$，$\lambda_5 = 1.702$。所以，选取这5个主成分构建评价模型，将λ_1，λ_2，λ_3，λ_4，λ_5代入(3－3)式，得到生态补偿效益评价模型：

$$Y = 0.433F_1 + 0.205F_2 + 0.132F_3 + 0.121F_4 + 0.109F_5 \quad (3-5)$$

得到(3－5)式之后，要分析表3－7的结果，进行相关计算。表3－7的结果表明18项指标(无空气质量指标)分别与组合成的5个主成分之间的相关性大小。二氧化硫排放量、工业废水排放量、工业废气排放量这3个指标与第一主成分联系最密切，这个主成分主要反映的是环境污染信息，所以把第一个主成分称为环境污染因子(F_1)。人均GDP、农村居民人均纯收入与第二主成分相关度最大，体现了有关经济发展信息，所以把第二个主成分称为经济发展因子(F_2)。补偿投入、生态环境支出占GDP比重与第三主成分相关度最大，体现生态补偿资金投入信息，将其命名为补偿投入因子(F_3)。人均森林面积、人均耕地面积、森林覆盖率与第四主成分相关度最大，体现自然生态效果，将其命名为自然生态因子(F_4)。治理水土流失面积占比、治涝地面积占耕地面积比例、城市污水处理率、自然保护区占比与第五主成分相关度最大，体现环境治理效果，将其命名为环境治理因子(F_5)。

表3-7 正交旋转后的主成分矩阵

	主成分				
	1	2	3	4	5
人均GDP	−0.160	0.855	−0.046	0.048	0.172
补偿投入	−0.290	0.023	0.849	−0.088	0.130
生态环境支出占GDP比重	−0.147	−0.105	0.958	0.071	−0.058
农村居民人均纯收入	−0.192	0.879	−0.001	−0.144	0.157
人均森林面积	0.047	−0.119	−0.069	0.965	−0.099
人均耕地面积	0.029	−0.464	−0.020	0.658	−0.299
森林覆盖率	−0.316	−0.167	−0.256	−0.697	0.092
自然保护区占比	0.225	−0.105	−0.537	−0.154	−0.669
有效灌溉面积	−0.237	−0.144	0.772	0.344	−0.252
造林总面积	−0.165	−0.719	0.261	0.082	0.308
治理水土流失面积占比	−0.264	0.021	−0.154	−0.127	0.849
治涝地面积占耕地面积比例	0.490	−0.150	0.260	0.162	0.671
二氧化硫排放量	0.969	0.032	−0.150	−0.084	−0.148
工业废水排放量	0.974	−0.020	−0.159	−0.010	−0.148
工业废气排放量	0.985	0.013	−0.102	−0.053	−0.103
人均每天生活用水量	−0.386	−0.089	−0.027	0.832	0.231
工业固体综合利用率	−0.574	0.632	0.287	−0.172	0.012
城市污水处理率	0.249	0.039	0.226	0.073	−0.923

观察表3-8，可以发现安徽省的生态补偿效益在全国处于中等偏上的位置，综合评价得分位居全国第10名。其中，环境污染因子排名位列第18名、生态补偿投入因子排名位列第6名、经济效益因子排名位列第8名、环境治理因子排名位列第23名、自然生态因子排名位列第15名。同其余省份比较来看，补偿投入因子排名较为靠前，说明安

徽省关于生态补偿的投入比较大；环境污染因子、环境治理因子和自然生态因子排名较靠后，说明安徽省环境污染还比较严重，生态环境治理效果在全国范围内处于较低水平，有待进一步改善。

表 3－8　2015 年各省份主成分得分列表

环境污染			补偿投入			经济效益		
排名	省份	得分	排名	省份	得分	排名	省份	得分
1	西藏	5.29856	1	天津	2.57751	1	江苏	1.96763
2	青海	0.54593	2	上海	2.25628	2	山东	1.61218
3	江苏	0.0342	3	江苏	1.94693	3	河南	1.19724
4	宁夏	－0.02034	4	北京	1.48821	4	广东	1.16142
5	河北	－0.03724	5	浙江	1.38371	5	河北	1.05941
6	北京	－0.06954	6	山东	0.81494	6	安徽	1.05602
7	湖北	－0.09175	7	广东	0.40811	7	黑龙江	0.96164
8	云南	－0.10989	8	安徽	0.2804	8	湖南	0.93895
9	四川	－0.13527	9	福建	0.204	9	四川	0.79634
10	内蒙古	－0.13603	10	重庆	0.0687	10	新疆	0.73366
11	贵州	－0.13633	11	河南	0.05679	11	内蒙古	0.64892
12	江西	－0.13764	12	湖北	0.01604	12	湖北	0.45306
13	天津	－0.14841	13	西藏	－0.0102	13	云南	0.23151
14	陕西	－0.1572	14	宁夏	－0.11964	14	浙江	0.2206
15	湖南	－0.16103	15	辽宁	－0.24924	15	广西	0.01474
16	山东	－0.16268	16	青海	－0.2796	16	西藏	－0.08609
17	浙江	－0.16961	17	河北	－0.31064	17	江西	－0.16564
18	安徽	－0.20028	18	海南	－0.33439	18	陕西	－0.36138
19	新疆	－0.23614	19	吉林	－0.43331	19	贵州	－0.37145
20	河南	－0.2416	20	江西	－0.47725	20	福建	－0.40525
21	广东	－0.24572	21	广西	－0.52088	21	吉林	－0.43329
22	重庆	－0.25079	22	湖南	－0.60775	22	甘肃	－0.70087
23	山西	－0.25523	23	新疆	－0.62266	23	天津	－0.80393
24	广西	－0.2682	24	陕西	－0.66382	24	辽宁	－0.82776
25	福建	－0.26836	25	山西	－0.6736	25	重庆	－0.83976

（续表）

环境污染			补偿投入			经济效益		
排名	省份	得分	排名	省份	得分	排名	省份	得分
26	甘肃	－0.26855	26	黑龙江	－0.69916	26	山西	－0.94231
27	辽宁	－0.27589	27	四川	－0.81245	27	北京	－0.98703
28	黑龙江	－0.28549	28	甘肃	－1.08937	28	上海	－1.18451
29	吉林	－0.39345	29	贵州	－1.11848	29	宁夏	－1.46273
30	上海	－0.43965	30	内蒙古	－1.12674	30	青海	－1.46318
31	海南	－0.57639	31	云南	－1.35242	31	海南	－2.01814

自然生态			环境治理			综合得分		
排名	省份	得分	排名	省份	得分	排名	省份	得分
1	内蒙古	1.73383	1	北京	1.3232	1	西藏	2.2372
2	天津	1.69426	2	山西	1.27096	2	江苏	0.585572
3	黑龙江	1.35252	3	贵州	1.2362	3	天津	0.546653
4	宁夏	1.01971	4	陕西	1.15027	4	山东	0.373713
5	甘肃	1.00156	5	重庆	1.00899	5	河北	0.217273
6	山西	1.00036	6	浙江	0.90377	6	北京	0.21447
7	新疆	0.90252	7	福建	0.76526	7	浙江	0.187301
8	河南	0.89141	8	江西	0.72728	8	河南	0.186293
9	吉林	0.83508	9	河北	0.69498	9	上海	0.104474
10	青海	0.8303	10	云南	0.66243	10	安徽	0.07824
11	河北	0.67342	11	辽宁	0.59893	11	内蒙古	0.01747
12	山东	0.49688	12	宁夏	0.52931	12	湖北	0.004577
13	辽宁	0.23746	13	湖北	0.48539	13	宁夏	－0.04533
14	上海	0.21623	14	河南	0.12264	14	青海	－0.05439
15	安徽	0.13591	15	内蒙古	0.10919	15	重庆	－0.10956
16	江苏	0.03105	16	湖南	0.05549	16	山西	－0.11341
17	重庆	－0.11724	17	山东	0.03817	17	黑龙江	－0.12725
18	西藏	－0.19755	18	天津	－0.15011	18	广东	－0.12758
19	贵州	－0.32764	19	西藏	－0.1809	19	陕西	－0.17005

（续表）

自然生态			环境治理			综合得分		
排名	省份	得分	排名	省份	得分	排名	省份	得分
20	云南	−0.34817	20	甘肃	−0.29701	20	新疆	−0.17927
21	陕西	−0.36011	21	四川	−0.31731	21	辽宁	−0.1858
22	湖北	−0.59252	22	上海	−0.34407	22	福建	−0.19515
23	北京	−0.61523	23	安徽	−0.44367	23	湖南	−0.20777
24	四川	−0.99385	24	广东	−0.50252	24	江西	−0.2248
25	江西	−1.03123	25	吉林	−0.5555	25	贵州	−0.24225
26	湖南	−1.18548	26	广西	−0.60092	26	云南	−0.26419
27	浙江	−1.2442	27	江苏	−0.84258	27	四川	−0.27485
28	福建	−1.24538	28	青海	−1.29158	28	吉林	−0.27589
29	广西	−1.37697	29	黑龙江	−1.38436	29	甘肃	−0.3433
30	广东	−1.68078	30	新疆	−1.42593	30	广西	−0.45308
31	海南	−1.73616	31	海南	−3.34602	31	海南	−1.15931

由图3－5，与全国的平均水平比较，安徽省生态补偿效益水平在全国平均水平之上。其中，环境污染因子与环境治理因子在全国平均

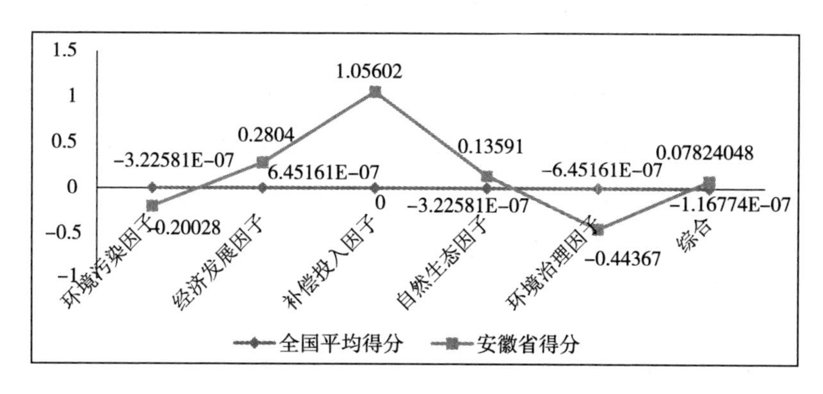

图3－5　安徽省与中国平均水平生态补偿效益比较

水平之下，经济发展因子、补偿投入因子、自然生态因子均高于全国平均水平，补偿投入因子超出全国平均水平最多。

具体看各个因子的贡献，同其余省份比较来看，补偿投入因子占比最高，说明安徽省关于生态补偿的投入力度比较大；环境污染得分占比最低，说明安徽省环境污染还比较严重；环境治理与自然生态因子排名都比较靠后，说明安徽省的生态环境治理效果在全国范围内处于较低水平，有待进一步改善。

（2）各省份生态补偿效益评价聚类分析

通过以上对全国 31 个省份各主成分因子得分进行比较分析，可以看出安徽省在生态补偿实施过程中的优势，同时也可以显现出安徽省的一些问题和不足，这样就可以有针对性地在相关方面进行提升和改善。目前，全国范围内都在积极进行生态补偿的建设与尝试，各个地区在经济发展水平与资源环境禀赋方面各有特点，因此生态补偿情况各异。但是，不同省份之间的生态补偿在某些方面也存在着某些共性，对这些共同点进行研究有助于各地区间的生态补偿相互学习借鉴，取长补短，使生态补偿及其机制建设更加开放，进一步提高生态补偿的建设水平。

本书对全国 31 个省份进行聚类分析，以期能得到较为科学合理的类别，探求各省份之间的内在特点和联系，找到和安徽省生态补偿建设相类似的地区，通过分析其共性和特点，从相似省份汲取经验，从而进一步推动安徽省生态补偿建设并改善其补偿效益。相关聚类结果如图 3 - 6 所示。

按照树状图和分析的需要，将阀值设置为 2，31 个省份可以分为 4 类：（1）西藏，其特殊性在于地理位置特殊，工业发展缓慢，污染排放量较少，且地域辽阔，资源十分丰富；（2）海南；（3）天津、江苏、山东；（4）河北、河南、安徽、江西等其他地区，可以看作是剩余部分。安徽省处在分类的剩余部分，可以说安徽省生态补偿状况与全国大部分省份一样，在国家政策的扶持和引导下，生态补偿工作逐步开展，扎实推进，也取得相应的进展。

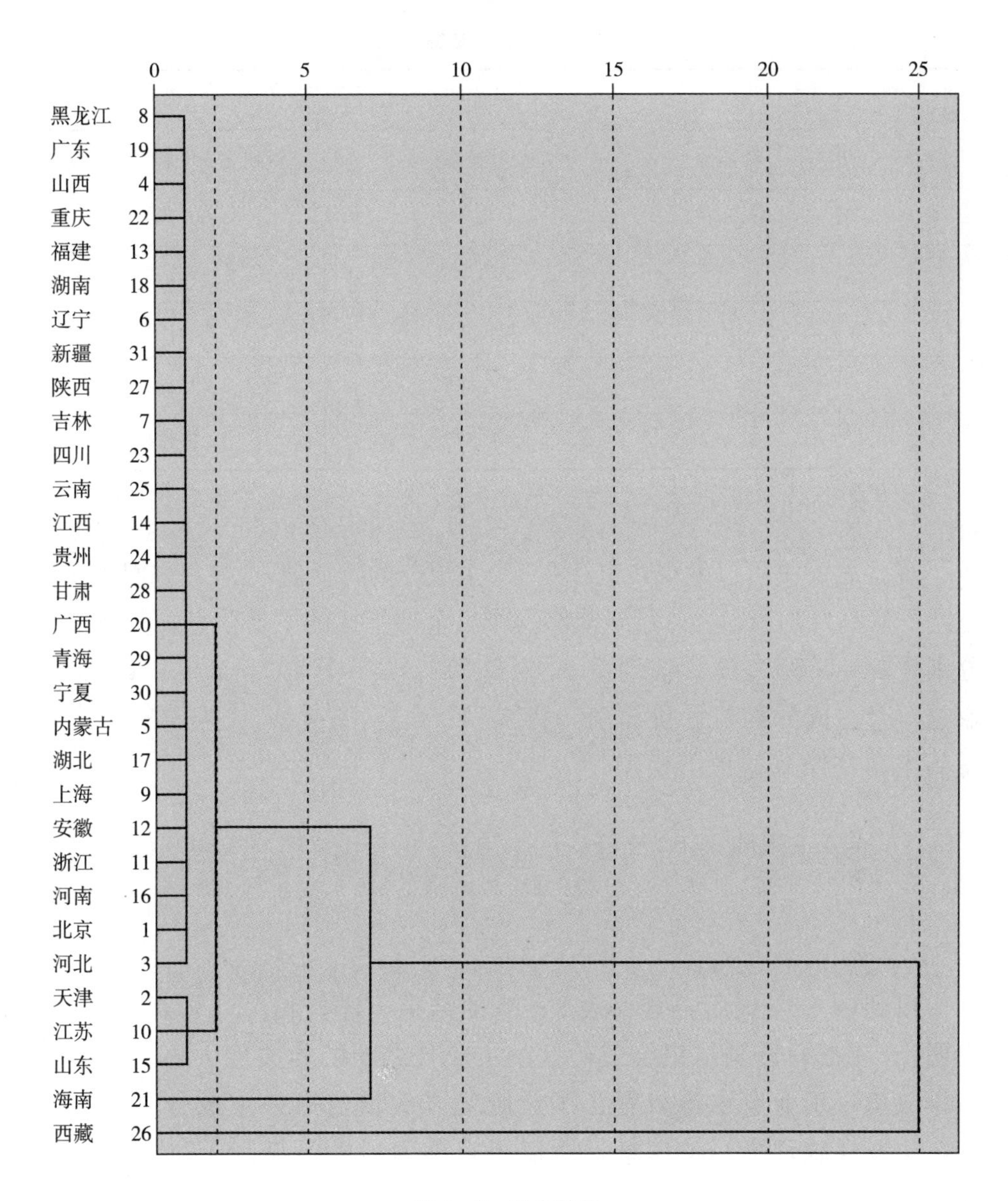

图 3－6　聚类结果

（三）安徽省各地区 2015 年生态补偿效益评价结果及分析

1．安徽省各地区 2015 年生态补偿效益评价结果及分析

相关结果见表 3－9、表 3－10、表 3－11 所列。

表 3-9 方差解释率

成分	旋转平方和载入		
	特征值	方差贡献率（%）	累积方差贡献率（%）
1	5.850	30.789	30.789
2	3.307	17.407	48.196
3	3.212	16.905	65.101
4	1.592	8.378	73.479
5	1.477	7.775	81.254

注：其余主成分未填写。

观察表 3-9 可以发现，也存在 5 个主成分的特征值 $\lambda \geqslant 1$，它们的累计方差贡献率为 81.254%，已经能够反映出全部指标的主要信息。其特征根分别是 $\lambda_1 = 5.850$，$\lambda_2 = 3.307$，$\lambda_3 = 3.212$，$\lambda_4 = 1.592$，$\lambda_5 = 1.477$。选取这 5 个主成分构建评价模型，将 λ_1，λ_2，λ_3，λ_4，λ_5 代入(3-3) 式，得到生态补偿效益评价模型：

$$Y = 0.379F_1 + 0.214F_2 + 0.208F_3 + 0.103F_4 + 0.096F_5 \tag{3-6}$$

得到(3-6) 式后，分析表 3-10 的结果，进行相关计算。表 3-10 表明 19 项指标分别与组合成的 5 个主成分之间的相关性大小。二氧化硫排放量、工业废水排放量、工业废气排放量与第一主成分联系最密切，主要反映环境污染信息，所以把它称为环境污染因子(F_1)。人均 GDP、农村居民人均纯收入与第二主成分相关度最大，体现经济增收信息，称之为补偿投入经济效益因子(F_2)。以此类推，第三主成分体现生态补偿资金投入信息，第四主成分体现自然生态效果，第五主成分体现环境治理效果，因此称第三、四、五主成分为补偿投入因子(F_3)、自然生态因子(F_4)、环境治理因子(F_5)。

表 3-10 正交旋转后的主成分矩阵

	成分				
	1	2	3	4	5
人均 GDP	0.0197	0.8627	−0.1303	0.4521	−0.0408
生态补偿投入	−0.0850	−0.0609	0.8989	0.1186	0.0275
生态环境支出占 GDP 比重	−0.1766	−0.1277	0.9153	0.1396	0.1044
农村居民人均纯收入	0.0244	0.8231	−0.0866	0.4372	−0.0159
人均森林面积	0.0891	−0.0675	−0.1350	0.9317	0.0692
人均耕地面积	−0.3043	−0.3026	−0.0482	0.5862	0.1125
森林覆盖率	0.0366	−0.0252	−0.2082	0.9402	0.0284
自然保护区占比	−0.1190	−0.2118	0.0726	0.5687	0.0483
有效灌溉面积	−0.5034	−0.0542	−0.2573	0.7524	0.1154
造林总面积	−0.0132	−0.1254	0.0152	0.9586	−0.1226
治理水土流失面积占辖区比重	−0.0277	−0.1192	0.1348	0.1031	0.7573
治涝地面积占耕地面积比例	−0.2837	−0.5324	−0.2990	0.0087	−0.5773
二氧化硫排放量	0.6115	−0.3848	−0.5182	−0.2640	0.2776
工业废水排放量	−0.5923	−0.1326	0.4821	−0.3520	0.3314
工业废气排放量	0.9001	0.0959	−0.1469	−0.1130	−0.1659
人均每天生活用水量	0.0058	−0.1187	0.2534	0.8868	0.1016
工业固体综合利用率	−0.7861	0.0900	0.0355	−0.0113	−0.3237
城市污水处理率	−0.3891	0.2637	−0.1306	0.1052	0.6837
空气质量	−0.1521	−0.1242	−0.1151	−0.1195	0.8823

由表 3-11，可以发现安徽省各地区生态补偿效益存在明显差异。环境污染因子中，黄山、池州、宣城排名靠前，表明这 3 个城市的环境污染状况较轻；淮南、淮北、亳州、蚌埠这 4 个城市排名比较靠后，资源型城市的环境污染问题显现出来；而快速发展的合肥与芜湖排名也不理想，环境污染状况较为严重。经济发展因子中，合肥、滁州的得分较高，其生态补偿明显改善收入水平；而淮南、铜陵、淮北等地得分较低，居民收入水平增长不明显。补偿投入因

子中，马鞍山、合肥、芜湖情况较好，生态补偿的投入力度比较大；在排名靠后的城市中，黄山的生态环境有一定的特殊性，其生态补偿投入显然不足，蚌埠、阜阳、亳州环境污染严重，理应加大生态补偿投入，但却存在投入不足问题，这几个城市的生态补偿需要加大投入。自然生态因子中，蚌埠、合肥、黄山排名靠前，说明其自然生态发展良好，排名靠后的滁州、淮北、淮南，其自然生态状况有待于进一步改善。环境治理因子中，宿州、淮南、六安环境治理效果较好，芜湖、安庆、阜阳环境治理效果较差。从综合得分看，黄山、合肥、六安 3 地的生态补偿效益较好，淮南、蚌埠、亳州、阜阳、淮北 5 地的生态补偿效益较差。

表 3-11 安徽省各地区主成分得分列表

环境污染			经济效益			补偿投入		
排名	地区	得分	排名	地区	得分	排名	地区	得分
1	黄山市	2.5349	1	滁州市	2.1611	1	马鞍山市	1.6719
2	池州市	1.6039	2	合肥市	1.3426	2	合肥市	1.6529
3	宣城市	0.7590	3	六安市	1.1588	3	芜湖市	1.5463
4	六安市	0.7510	4	安庆市	0.8945	4	滁州市	0.3891
5	安庆市	0.3918	5	亳州市	0.2116	5	铜陵市	0.3712
6	铜陵市	0.2436	6	宣城市	0.1883	6	淮南市	0.1970
7	滁州市	−0.1983	7	宿州市	0.0788	7	池州市	0.1029
8	芜湖市	−0.2883	8	阜阳市	0.0612	8	宣城市	0.0861
9	马鞍山市	−0.3015	9	芜湖市	−0.1777	9	安庆市	0.0655
10	阜阳市	−0.6224	10	蚌埠市	−0.2947	10	淮北市	−0.0200
11	合肥市	−0.6791	11	黄山市	−0.4783	11	黄山市	−0.5740
12	宿州市	−0.7000	12	池州市	−0.4815	12	六安市	−0.6628
13	淮南市	−0.7448	13	马鞍山市	−0.8933	13	宿州市	−1.0422
14	淮北市	−0.8535	14	淮南市	−0.9201	14	蚌埠市	−1.0655
15	亳州市	−0.8607	15	铜陵市	−1.3746	15	阜阳市	−1.2073
16	蚌埠市	−1.0358	16	淮北市	−1.4768	16	亳州市	−1.5111

（续表）

自然生态			环境治理			综合得分		
排名	地区	得分	排名	地区	得分	排名	地区	得分
1	蚌埠市	1.8463	1	宿州市	1.8539	1	黄山市	0.9170
2	合肥市	1.6968	2	淮南市	1.3119	2	合肥市	0.6026
3	铜陵市	0.9404	3	六安市	1.1959	3	六安市	0.4712
4	黄山市	0.9347	4	黄山市	0.8520	4	池州市	0.3733
5	亳州市	0.4622	5	合肥市	0.5630	5	滁州市	0.3367
6	马鞍山市	0.1690	6	马鞍山市	0.5123	6	宣城市	0.3124
7	芜湖市	0.0691	7	淮北市	−0.0001	7	安庆市	0.1645
8	阜阳市	−0.0116	8	蚌埠市	−0.0760	8	马鞍山市	0.1089
9	宣城市	−0.0182	9	滁州市	−0.1960	9	芜湖市	0.0927
10	宿州市	−0.1984	10	宣城市	−0.3289	10	铜陵市	−0.0785
11	六安市	−0.3725	11	亳州市	−0.3858	11	宿州市	−0.3077
12	池州市	−0.6508	12	铜陵市	−0.5283	12	淮南市	−0.4595
13	安庆市	−0.9276	13	池州市	−0.8948	13	蚌埠市	−0.4944
14	滁州市	−1.0949	14	芜湖市	−0.9249	14	亳州市	−0.5847
15	淮北市	−1.4154	15	安庆市	−0.9738	15	阜阳市	−0.6652
16	淮南市	−1.4292	16	阜阳市	−1.9804	16	淮北市	−0.7895

由图 3－7，可以看出安徽省整体的生态补偿效益情况。可见，安徽省环境污染因子和补偿投入因子得分较高的区域集中分布于安徽省中部和南部区域，表明中部和南部的环境状况，较之于安徽北部来说明显较好，特别是黄山市，环境污染程度最轻。经济发展因子得分较高的分布在中部区域，中部地区经济发展状况最好。整个安徽省的环境治理状况都不太理想，与造成的环境污染相比，环境治理严重缺乏。

2. 安徽省各地区 2015 年生态补偿效益评价聚类分析

根据分析需要，将树形图中的阈值设置为 10，可将 16 个地区分为 8 类：（1）黄山，工业污染排放量较少，生态环境基础较好；（2）合肥，经济较为发达，地方财力雄厚，与此相关的财政支出力度较大；（3）滁

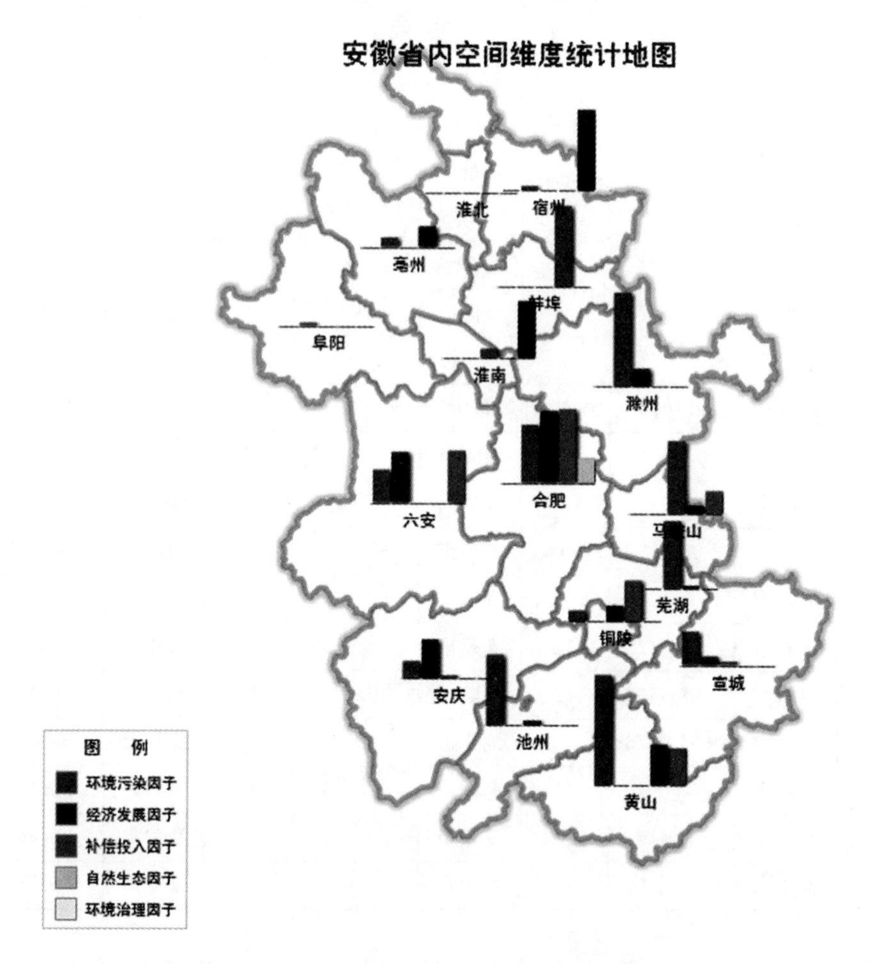

图 3－7 安徽省生态补偿效益统计地图

州；（4）宿州、六安；（5）亳州、蚌埠、阜阳；（6）淮南、淮北，煤炭资源丰富，经济随煤炭产业发展的同时，生态环境变得十分脆弱；（7）马鞍山、芜湖、铜陵，资源型城市，重点发展工业经济，导致生态系统遭到破坏，环境恶化，面临资源开采带来的环境污染及生态破坏，城乡发展与人居环境质量也随之下降；（8）宣城、安庆、池州，生态基础较好。如图 3－8 所示。

（四）安徽省 2015 年生态补偿资金效率分析

在安徽省的生态补偿实践中，最普遍、最主要运用的补偿形式是资金补偿。故而其资金投入使用效率对生态补偿效益有着至关重要的

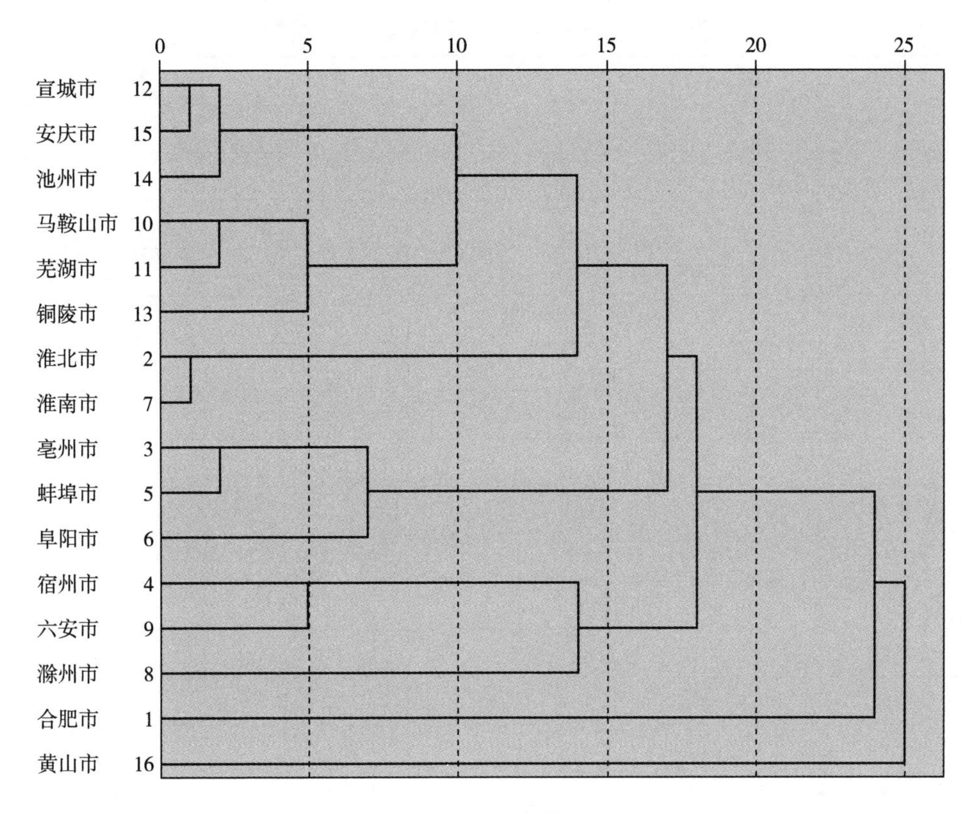

图 3－8　聚类结果

影响。生态补偿资金使用效率是安徽省生态补偿效益评价不可分割的一部分，也是对生态补偿资金进行监督管理的重要依据。故本节对安徽省各地区 2015 年生态补偿资金投入的使用效率进行测算，分析其生态补偿资金效益情况，以期能够对安徽省生态补偿效益有更深刻的理解、分析与评价。本部分以经济协调发展准则层下的生态补偿投入与生态环境支出占 GDP 比重为投入指标，以经济协调发展准则层下的人均 GDP 和农村居民人均纯收入、生态补偿和生态环境以及环境治理准则层下的各项指标为产出指标进行分析。

1. 安徽省各地区生态补偿资金效率综合评价结果及分析

由表 3－12 的评价结果来看，2015 年安徽省各地区间，综合效率值最高为 1，最低为 0.477，这说明安徽省各地区的生态补偿相对有效性存在差异且差值较大。

表 3-12 安徽省各地区 DEA 综合评价结果

地区	综合效率	技术效率	规模效率	规模报酬
合肥	0.477	1	0.477	drs
淮北	1	1	1	—
亳州	0.883	1	0.883	drs
宿州	0.783	1	0.783	drs
蚌埠	0.678	1	0.678	drs
阜阳	0.661	1	0.661	drs
淮南	0.757	0.926	0.818	drs
滁州	0.575	1	0.575	drs
六安	0.587	1	0.587	drs
马鞍山	0.658	1	0.658	drs
芜湖	0.625	1	0.625	drs
宣城	0.642	1	0.642	drs
铜陵	0.935	1	0.935	drs
池州	1	1	1	—
安庆	0.527	1	0.527	drs
黄山	1	1	1	—

注：drs 表示规模报酬递减，—表示规模报酬不变。

具体到各地区，只有淮北市、池州市以及黄山市的生态补偿投入产出综合效率值为 1，即在投入的基础上产出已经是相对最优的，说明这 3 个地市的生态补偿资金的使用是有效率的。其余地区综合效率都未达到有效状态，其中，合肥市综合效率值最低，表明其生态补偿投入资金的使用情况是最差的。

总体来看，大部分地区在纯技术效率上都为有效，表示在目前现有的技术水平上，其生态补偿投入的使用是有效率的。在综合效率上，除淮北市、池州市和黄山市，其余城市均未达到有效，其原因可以归结为规模效率未达到有效，规模报酬递减。规模报酬递减则意味着应合理规划生态补偿资金的使用，重在提高其效率。

综上可以看出，在生态补偿资金使用效率综合评价中，淮北市、池州市、黄山市是生态补偿资金效率最好的3个城市。淮北市是煤炭资源型城市，生态环境形势严峻，保护、修复生态环境至关重要，在确定生态补偿投入规模的同时亦加强资金的管理使用，故其效率较高。相较于淮北市，淮南市、马鞍山市、铜陵市在生态补偿资金的使用效率方面有待提高。根据安徽省2013年颁布的《安徽省主体功能区规划》，国家重点生态功能区与省重点生态功能区主要集中在六安市、池州市、安庆市、黄山市，生态功能价值十分重要，政府非常重视生态环境的保护与发展，因此，池州市、黄山市生态补偿资金效率位于全省前列。但六安市和安庆市生态补偿资金的效率却不尽如人意，应该要重视其资金的使用效率，以促进生态补偿的合理实施，保证其功能区的生态价值得以体现。生态补偿资金效率最差的城市是合肥市，对于经济比较发达的合肥市来说，虽然其生态投入规模较大，但生态补偿效益却较低（上文分析得出），归根结底是由于其资金使用效率低。

可以看出，无论是经济发展较好还是经济发展较为落后的地区都存在生态补偿资金效率较差的问题。经济发展较好的地区补偿资金效率差的原因主要是缺乏对生态建设及环境保护的有效监管，生态补偿投入只重规模不重效率，对生态环保问题重视不够。而对于经济发展相对较慢的地区来说，由于生态补偿投入的有限和生态环境治理科技含量不够，因此生态补偿资金效率较差。

2. 安徽省各地区生态补偿资金效率分类评价结果及分析

根据本书有关指标，将生态补偿投入资金效果分为经济效益、生态保护、环境治理三个方面，相关评价结果见表3-13所列。

表3-13 安徽省各地区分类DEA评价结果

地区	经济效益		生态保护		环境治理	
	综合效率	规模报酬	综合效率	规模报酬	综合效率	规模报酬
合肥	0.114	irs	0.573	drs	0.141	drs
淮北	0.313	irs	1	—	1	—
亳州	0.06	irs	0.853	drs	0.535	drs

（续表）

地区	经济效益		生态保护		环境治理	
	综合效率	规模报酬	综合效率	规模报酬	综合效率	规模报酬
宿州	0.055	irs	0.789	drs	0.328	drs
蚌埠	0.146	irs	0.69	drs	0.425	drs
阜阳	0.034	irs	0.644	drs	0.324	drs
淮南	0.228	irs	0.63	irs	1	—
滁州	0.063	irs	0.553	drs	0.333	drs
六安	0.036	irs	0.605	drs	0.161	irs
马鞍山	0.317	irs	0.561	irs	0.789	drs
芜湖	0.237	irs	0.592	drs	0.71	drs
宣城	0.127	irs	0.64	drs	0.32	irs
铜陵	1	irs	1	—	0.448	irs
池州	0.247	irs	1	—	0.562	irs
安庆	0.07	irs	0.523	drs	0.323	drs
黄山	0.142	irs	1	—	0.147	irs

注：irs表示规模报酬递增，drs表示规模报酬递减，—表示规模报酬不变。

总体看来，安徽省各地区的生态补偿在生态保护和环境治理方面的效率均大于其经济效益方面的效率。由于生态补偿的主要目的之一是保护生态环境，生态补偿资金主要用于生态环境领域，故而其经济效率小于生态环境效率，实施生态补偿的生态目标得以实现。通过计算结果也可以看出经济发展、生态保护、环境治理的情况各异。

首先，在经济效益方面，除铜陵市外，各地区综合效率未达到有效状态，原因在于技术效率与规模效率均未有效。虽然各地区综合效率值绝对数不高，但是规模报酬为递增。其中，淮北市、淮南市、马鞍山市、芜湖市、池州市综合效率在0.2以上，生态补偿经济效率相对稍好一些。亳州市、宿州市、阜阳市、淮南市、滁州市、六安市、安庆市综合效率均在0.1以下，生态补偿经济效率较差。

其次，在生态保护方面，淮北市、铜陵市、池州市和黄山市的补偿资金是有效的，其规模效率、技术效率值均为1，所以综合效率也是有效的，在投入基础上产出相对最优，其生态补偿生态保护资金使用情况良好。而合肥市、滁州市、马鞍山市、芜湖市和安庆市的生态保护资金使用效率都差强人意，是相对较差的地区，综合效率值在0.6以下。其中，滁州市的技术效率虽为1，但其规模效率值要低于其他城市，为0.553。技术效率方面，除淮南市、马鞍山市、芜湖市和安庆市未达到有效标准外，其他地区技术效率值都为1，达到有效的标准。其中马鞍山市技术效率值最低，为0.577。在规模报酬方面，淮北市、铜陵市、池州市和黄山市为规模报酬不变，淮南市与马鞍山市为规模报酬递增，其他10个城市均为规模报酬递减。

再次，在环境治理方面，淮北市与淮南市的情况是最好的，生态补偿在环境治理方面的资金投入使用有效率。其技术效率与规模效率均为1，达到有效，综合效率也达到有效，其余地区都未达到效率有效。亳州市、马鞍山市、芜湖市和池州市的综合效率值相对较高，环境治理资金使用效率较高。其中，亳州市、马鞍山市和芜湖市的技术效率值为1，达到有效，池州市技术效率无效，但其规模效率值较高，为0.943。在环境治理上，合肥市与黄山市综合效率值相对最低，是环境治理效率较差的地区。合肥市综合效率低的原因是规模效率低，为0.141，黄山市虽然规模效率为0.962，但是技术效率无效。在规模报酬方面，淮北市与淮南市为规模报酬不变，六安市、宣城市、铜陵市、池州市和黄山市为规模报酬递增，其他9个城市均为规模报酬递减。

从三个方面结合来看，除达到效率有效的铜陵市外，淮北市、淮南市、马鞍山市、芜湖市和池州市的生态补偿资金在经济效益方面的效率相对较好，生态补偿投入在这几个城市促进经济增长、人民收入更有效率些。经济效益的规模报酬普遍存在递增，说明加大生态补偿投入，总是能带来更大的经济效益。六安市、池州市、安庆市和黄山市的生态补偿的生态保护效率远好于其环境治理效率，由于这4市部分地区为重点生态功能区，其生态保护必然受到重视，工业发展尤其是对环境污染严重的工业受到限制甚至禁止，故而生态补偿资金在生态保护方面效率较高，生态保护状况良好，而环境治理效率相对较差。

环境治理效率较好的淮北市、淮南市和马鞍山市，其工业发展较好，由此带来的环境问题必须加以治理，因此生态补偿的环境治理效率比较高。

对于生态补偿投入，应认识到其规模并非越大越好。投入规模要合理规划，同时也要注重投入资金的使用效率。对于存在规模报酬递增的地区来说，加大生态补偿投入能带来更大的效益，故而这些地区目前的生态补偿投入稍显不足，需要加大投入。而对于那些规模报酬不变与递减的地区，一味加大投入并不能提高效益，应注重投入分配与效率以及技术问题而非投入规模，只有这样才能提高生态补偿效益。

第三节 主要结论与政策建议

一、主要结论

根据以上对安徽省生态补偿现状及效益评价的分析，得出以下结论。

（一）总体趋势良好

2005—2015年，安徽省生态补偿效益稳步提升，生态环境状况逐步改善。以2008年为界，在此之前，安徽省生态补偿效益较低，生态环境改善效果较差；此后安徽省生态补偿效益显著提高，生态环境改善效果较好。在全国生态补偿效益综合评价中，安徽省处在中等偏上位置，为第10，说明安徽省生态补偿效益总体状况良好。

（二）地区差异明显

安徽省各地区生态补偿效益存在明显差异。综合评价得分最高为0.9170，最低为－0.7895。淮南、蚌埠、阜阳、亳州和淮北的生态补偿效益较差，黄山、合肥、六安、池州和滁州的生态补偿效益较好。

经济发展较好的地区生态补偿效益差的原因主要是缺乏对生态建

设及环境保护的有效监管，对生态环保问题重视不够。经济发展相对较慢的地区生态补偿效益好的原因是对生态保护的重视。资源型城市生态补偿效益差是由于生态破坏严重，恢复治理难度较大，在政策实施过程中可能会面临资金短缺等问题。生态环境状况良好的地区补偿效益好则是由于其生态环境保护与建设起点较高。总体来看，各地区因资源禀赋不同，生态补偿效益也不尽相同。

（三）生态补偿政府投入有限，缺乏市场手段

根据对生态补偿理论基础的分析可知，生态环境有明显的外部效应，而生态补偿是将外部效应内部化的一种安排，生态环境属于市场失灵的领域，所以生态补偿应该以政府部门为主导力量，实践也证明政府在其中发挥了巨大作用。但生态补偿是一个复杂的大系统、大工程，所需要的投入量巨大，仅靠政府的力量难以解决生态补偿的需要，更何况安徽省长期积累下来的生态环境问题需要更大的生态补偿投入量，此时政府投入便显得十分有限。

虽说政府起主导作用，但不能因此否认市场机制在其中的功能，市场力量是政府力量的一种补充。但安徽省生态补偿更多的还是依靠政府，缺少市场化模式的生态补偿。尽管近些年不断有学者研究市场化模式，实践中也有不错的探索，但真正能够实施的只是少数，总的来说，目前安徽省市场化的补偿模式还十分缺乏。

（四）生态补偿资金渠道单一，效率不足

安徽省生态补偿资金主要是政府财政转移支付，而政府转移支付的最终来源是财政收入，所以说安徽省生态补偿资金渠道还是比较单一的。

安徽省生态补偿资金不但缺乏渠道，而且补偿资金的效率也存在不足。由实证分析可知，安徽省生态补偿资金效率评价的综合效率值为 0.737，未达到有效状态，存在改进的空间。

二、政策建议

（一）加大生态补偿投入力度，提高生态补偿效率

总体上看，尽管安徽省生态补偿转移支付资金逐年递增，但占财

政总支出的比重却很小。因此，中央和安徽省政府应加大生态补偿转移支付力度，建立生态补偿长效投入机制，确保生态补偿资金的持续性和有效性[①]。此外，地区政府之间可以建立横向转移支付体系来对生态补偿资金加以补充，还可以采取财政补贴方式，给予生态保护与建设项目或投资者资金支持，以增加对生态补偿的投入。

在生态补偿过程中，一味强调资金的投入规模是不科学的，还应该重视资金的使用效率，否则很容易出现生态补偿效益规模不经济的窘境。故而安徽省考虑总量增加的同时，也要更加注重生态补偿资金的效率问题。政府应该加强对生态补偿资金的管理，监督补偿资金的落实和相关政策的实施，确保生态补偿资金的有效性，防止出现生态补偿“打水漂”的情形。对于规模报酬递增的地区，扩大补偿规模可以获得更大的效益，因而现有的投入水平就显得较低，其重点应该加大生态补偿投入；对于存在规模报酬递减的地区，其重点是提高生态补偿资金效率。在当前经济背景下，安徽省要更加注重生态补偿资金的效率，保证生态补偿资金总量增加的同时，只有更加注重其投入效率，加强生态补偿政策及实践的管理与监督，生态补偿才能获得更好的效益。

（二）推动生态补偿资金渠道多元化

随着生态补偿实践不断推进，生态补偿所需的资金也随之大幅增加，这给政府财政支付带来很大的压力，财政支付的力度和规模远远达不到生态补偿资金的需求，资金来源的发展趋势必然是多样化的渠道。所以，筹集生态补偿资金不能简单地依靠政府税收，应该建立多元化的资金渠道，这样才能为安徽省生态补偿提供较为充裕的资金。

1. 推行绿色贷款。对信贷资金利用进行清晰合理的规划，适当地引导银行资金投向安徽省生态环境保护与建设领域和生态补偿项目；以发行政府债券的方式把社会上闲置的资金集中起来，解决缺

① 郭玮，李炜．基于多元统计分析的生态补偿转移支付效果评价［J］．经济问题，2014（11）：92－97.

口问题；也可以考虑发行生态建设等特种彩票把资金吸引过来；搭建相关信息平台，提高金融开放度，创造良好的条件，让国外投资者了解安徽省生态信息，利用国际上对相关工程项目的扶持，吸引国外资金。

2. 完善生态环境治理备用金制度。生态环境治理备用金可以认为是一种补偿金，它是采矿权人为采矿而对破坏生态环境的活动所支付的补偿费用，补偿金用于治理、恢复生态环境或是补偿给原来享有破坏前生态环境的村民、其他公众和政府。备用金的缴纳要与其破坏行为对等，破坏得越重，对周边村民或公众的影响越大，缴纳的备用金就越多。安徽省有四大矿区，矿山的开发会导致一些生态环境问题，也可能引发社会问题，这些问题的解决需要大量资金的支持。因此，安徽省应该完善相关备用金制度，以弥补生态补偿资金不足的问题。

3. 引入生态保险。安徽省可以建立与生态补偿相关的生态保险体系，针对那些损害的发生引入生态保险，一方面可以降低参保人的风险，保护参保人利益，另一方面也可以给予受害者一定的赔偿。

（三）完善生态补偿税收体系

税收在安徽省生态补偿过程中发挥着不可替代的作用，不但是生态补偿资金的重要来源，而且是调控资源环境的一个有效手段。在短期内，生态补偿的财政转移支付方式不会从根本上有所改变，所以完善生态补偿税收体系具有重要意义。

在我国现有税制中，用于生态环境保护、具有生态补偿性质的税种是仅对矿产资源征收的资源税，没有出于生态目的的税种。因此，政府有必要对现行税收体系进行优化完善。要扩大资源税征收范围，把草原、湿地、森林、水资源等生态资源纳入到征收范围中来；同时政府可以考虑开征系列生态税、污染排放税和各种生态使用费，例如瑞典和法国对产生二氧化碳来源的一些资源征收碳税，美国、德国、荷兰等国家还征收了二氧化硫税、水污染税等，安徽省可以借鉴国外经验，开征相关税费。除此之外，安徽省政府还可以扩大消费税征税范围，采取差别税率。例如可以适当降低环保产品在生产、消费过程中的增值税，对节能设备、环保设施等环保项目实行消费型增值税[①]。还可以将内外企业所得税进行合并，统一内外资企业在生态环保方面优惠政策，对企业从事环保产业的所得采取低税率征收所得税。

（四）推进生态补偿市场化

根据产权理论，外部性影响可以通过市场机制加以解决，市场交易方式是有效的，政府只要对产权予以界定和保护即可。故加快生态补偿市场化进程，关键在于产权制度的建设。产权的界定决定着市场交易的顺利进行。生态资源产品只有建立明晰的产权，才能在市场上顺利进行交易，生态补偿市场化进程才能向前推进。所以，政府应该明确责任，完善在生态、资源、环境领域的产权制度建设，积极培育生态资源市场，深化资源市场产品价格，使生态资源朝资本化方向发展，从而实现生态资源价值的市场化。同时，政府还要继续积极探索市场化的生态补偿模式，构建生态服务市场交易平台，完善碳交易、排污权、水权交易制度及平台的建设，积极拓展其他市场化补偿模式，如配额交易制、生态产品认证制度、政府生态购买政策等。

① 史丹，吴仲斌，杜辉．国外生态环境补偿财税政策的实践与借鉴［J］．经济研究参考，2014(27)：34－38.

第四章 安徽水污染状况及其防治工作

水资源对于区域经济发展及人民生活十分重要，一旦水质遭到破坏，将严重威胁到区域生产、生活甚至是人民的生命健康。2016 年，安徽省采取各种措施，切实加强水污染防治，努力改善水环境质量。

第一节 安徽省水污染的基本状况

安徽省饮用水水源保护情况。目前安徽省 16 个省辖市（44 个市辖区)、61 个县（市）共划分 130 个县级以上集中式饮用水水源保护区，划分覆盖率为 100％；1249 个乡镇（946 个镇、303 个乡）共划分 2563 个乡镇集中式饮用水水源保护区，还有 59 个乡镇未完成（主要集中在黄山市)，划分覆盖率为 95.3％。

“十二五”期间，安徽省城市（16 个市＋6 个县级市）集中式饮用水水源地的水质总体稳定，平均水质达标率为 97.2％，比“十一五”增加 7.0 个百分点。2016 年上半年，安徽省城市（16 个市＋6 个县级市）集中式饮用水水源地水质达标率为 97.0％，亳州市和界首市水源地氟化物超标（地质原因)，巢湖市水源地总磷超标。

“十二五”期间，安徽省县城集中式饮用水水源地平均水质达标率为 91.0％（国家要求 2013 年开始监测，2013 年水质达标率为 86.2％，2014 年水质达标率为 93.6％，2015 年水质达标率为 92.3％)。2016 年上半年，安徽省县城集中式饮用水水源地水质达标率为 96.3％，涡阳县、利辛县和太和县水源地氟化物超标（地质原因)，灵璧县水源地总硬度超标（地质原因)，南陵县水源地生化需氧量超标。

“十二五”期间，安徽省大力推进水污染防治工作，成效明显。根据《2015年安徽省环境状况公报》，与“十一五”末相比，2015年，全省地表水总体水质、淮河流域、长江流域和巢湖环湖河流水质均有所好转，新安江流域水质保持优。与2010年相比，全省地表水Ⅰ～Ⅲ类水质断面比例上升14.5个百分点，劣Ⅴ类水质断面比例下降5.6个百分点。全省城市集中式生活饮用水源地水质达标率上升2.8个百分点。目前，全省共有130座城镇污水处理厂投入运行，日处理能力543.94万吨，全省污水处理厂运行负荷率、城市污水集中处理率预计均达到91%以上，超过“十二五”规划目标。

但安徽省水污染形势仍然比较严峻。2015年，全省100条河流、28座湖泊水库总体水质状况为轻度污染。地表水国、省控断面中，重度污染断面仍占到11.1%。全省城镇建成区还存在许多黑臭水体，农村面源污染仍未得到遏制，部分饮用水水源保护区内存在环境风险隐患。

为此，2016年，安徽水污染防治工作坚持突出重点，多措并举，有的放矢，对症下药，取得实实在在的成效。根据《安徽省2016年国民经济和社会发展统计公报》，2016年，淮河干流安徽段水质以Ⅲ类为主，总体水质优，主要支流总体水质轻度污染。长江干流安徽段以Ⅱ类水质为主，总体水质优，主要支流总体水质良好。巢湖湖区整体水质为轻度污染，9条主要环湖支流整体水质为中度污染。新安江干、支流水质优。全省城市集中式饮用水水源地水质达标率为97%。

2017年1月5日，安徽省十二届人大常委会举行第三十六次会议。安徽省环境保护厅厅长汪莹纯受省政府委托作关于2015—2016年度环境状况和环境保护目标完成情况的报告。报告显示，2016年1—11月，全省地表水达到或好于Ⅲ类水质的国控、省控断面比例为68.7%，达到国家要求。地级市集中式水源地水质达标率为98.1%，水源个数达标比例为94.9%。但部分水体污染问题突出，19个劣Ⅴ类断面，主要分布在淮河流域和巢湖流域。其中，淮河流域受上游来水入境影响较大，19条入境支流中有12条水质为重度污染。巢湖流域的南淝河、派河、十五里河和双桥河水质为重度污染。夏秋季，巢湖蓝藻水华时有发生。国家考核断面中近40%水质不够稳定，浓度值出现上下波动。城市黑臭水体大量存在。

国家考核断面年度目标完成情况。根据2016年1—11月106个国家考核断面监测数据水质均值评估，我省淮河流域水质优良比例为55%，较年度目标（优良比例达到45%）提高10个百分点，无劣五类断面；我省长江流域水质优良比例为78.3%，较年度目标（优良比例达到76.7%）提高1.6个百分点，劣五类断面比例为6.7%（控制在6.7%以内）；东南诸河流域水质优良比例继续保持100%，三个流域均达到国家确定的年度目标。

水污染防治年度工作任务实施情况。全省“十小”企业取缔完成年度任务的97.5%，完成工业行业淘汰炼铁产能205万吨，62.7%的黑臭水体整治项目开展前期工作，134座污水处理厂投入运行，117个县（市、区）全部完成禁养区划定，并以政府文件的形式进行发布；累计拆解老旧船舶淘汰落后运力1342艘，改造生活污水排放不达标船舶2832艘；全省年取水总量为246.19亿立方米（不含贯流式火电冷却用水），控制在国家下达的年度指标内。

第二节　安徽省出台的水污染防治政策法规

2016年是贯彻落实国务院《水污染防治行动计划》（简称“水十条”）的开局之年，为配合国务院“水十条”要求，2016年下发了《安徽省水污染防治工作方案》等政策法规。

一、安徽省水污染防治工作方案

2016年1月14日，安徽省人民政府关于印发安徽省水污染防治工作方案的通知（皖政〔2015〕131号）正式印发，将在污水处理、工业废水处理、全面控制污染物排放等多方面进行强力监管并启动严格问责制，确保到2020年全省水环境质量得到阶段性改善。这标志着2015年4月2日国务院印发的《水污染防治行动计划》（“水十条”）在安徽正式落地。

《方案》主要内容：

（一）目标。到2020年，全省水环境质量得到阶段性改善，污染严重水体较大幅度减少，饮用水安全保障水平持续提升，皖北地下水污染趋势得到遏制，水生态环境状况明显好转，确保引江济淮输水线路水质安全。到2030年，全省水环境质量总体改善，水生态系统功能初步恢复。到21世纪中叶，生态环境质量全面改善，生态系统实现良性循环。

（二）指标。到2020年，长江流域优良（达到或优于Ⅲ类）断面比例达83.3％，淮河流域优良断面比例达57.5％，新安江流域水质保持优良，引江济淮输水线路水质达到工程规划要求。地级及以上城市建成区黑臭水体均控制在10％以内，地级市集中式饮用水水源水质达到或优于Ⅲ类比例高于94.6％，县级集中式饮用水水源水质达到或优于Ⅲ类比例高于91.9％，地下水质量考核点位水质级别保持稳定。

（三）防治任务。一是全力保障水生态环境安全。主要任务是：深化重点流域水污染防治、保障饮用水水源安全、整治城市黑臭水体、加强良好水体保护、防治地下水污染、保护水和湿地生态系统。二是全面控制污染物排放。主要任务是：狠抓工业污染防治、强化城镇生活污染治理、推进农村污染防治、加强河湖养殖区污染管控、加强船舶港口污染控制。三是推动经济结构转型升级。主要任务是：调整产业结构、优化空间布局、推进循环发展。四是着力节约保护水资源。主要任务是：控制用水总量、提高用水效率、科学保护水资源。

二、关于进一步加强地下水管理和保护工作的通知

为合理开发和有效保护地下水资源，根据《中共中央国务院关于加快推进生态文明建设的意见》（中发〔2015〕12号）、《安徽省人民政府关于实行最严格水资源管理制度的意见》（皖政〔2013〕15号）等有关规定，安徽省人民政府办公厅于2016年3月1日下发《关于进一步加强地下水管理和保护工作的通知》（皖政办秘〔2016〕30号）。

当前，我省局部地区地下水超采形势不容乐观，已造成含水层枯竭、地面沉降等生态与环境问题，影响经济社会可持续发展。因此，

《通知》强调五个方面的工作：一是切实增强责任意识。要按照最严格的水资源管理制度要求，切实落实好地下水资源管理和保护责任。二是严格地下水管理。建立地下水取用水总量控制和水位控制制度，明确区域地下水开发利用总量控制指标和水位控制目标，防止出现新的超采区，限期关闭城市公共供水管网覆盖范围内的自备水井。三是加强超采区综合治理。根据当地地表和地下水资源条件，调整产业结构，加强节水管理，规划建设替代水源，充分利用再生水、地表水、外调水等替代水源，置换超采的地下水，逐步实现采补平衡。四是加强地下水监测。要抓紧健全地下水监测体系，完善地下水监测站网，组织开展地下水动态监测工作，建立地下水监测信息共享平台。对地下水超采地区、漏斗区、集中式地下水水源地、地下水污染地区实施重点监测。五是防治地下水污染。定期调查评估集中式地下水型饮用水水源补给区等区域环境状况。按照水污染防治有关要求，督促企业完成石化生产存贮销售企业和工业园区、矿山开采区以及垃圾填埋场等区域防渗处理，完成加油站点地下油罐双层罐更新或防渗池设置，对报废的矿井、钻井、取水井应实施封井回填。

三、安徽省饮用水水源环境保护条例

《安徽省饮用水水源环境保护条例》于 2016 年 9 月 30 日安徽省第十二届人民代表大会常务委员会第三十三次会议通过，自 2016 年 12 月 1 日起施行。新增饮用水水源生态保护补偿机制，保护区和准保护区内施用高毒、高残留农药，不仅被责令停止违法行为，还将面临高额罚款。

为了实现“水十条”中提出的“城乡水环境保护一体化”的要求，新条例对饮用水水源的保护已不再局限于“城镇”，而是扩大为“城乡”地区，包括城乡集中式饮用水水源和农村分散式饮用水水源的环境保护。

值得关注的是，条例新增建立健全饮用水水源生态保护补偿机制，鼓励受益地区通过资金补偿、对口协作、产业转移人才培训等方式，帮助饮用水水源保护地区。这种保护地与受益地之间横向补偿关系的提出，相比过去以转移支付为主的纵向补偿方式有了新的突破。

新条例还加大了对违法行为的治理力度，较现行条例，修改了一级保护区、二级保护区内生产生活的禁止行为，增加了施用高毒高残留农药、经营性取土和采砂、规模化畜禽养殖、船舶停靠等对饮用水水源可能造成污染的禁止行为。

四、省环保厅关于加强跨市界水污染联防联控工作的通知

为防止跨界污染事故发生，及时处置跨市界水污染纠纷，结合《国家水污染防治行动计划》，经报经省政府同意后，环保厅与省住建、农委、水利联合印发《关于加强跨市界水污染联防联控工作的通知》（皖环发〔2016〕23号）。《通知》以加强跨市界水体上下游地区政府横向处置为原则，要求相关市政府建立会商协作，加强应急处置及协调处理纠纷，对源头防控、闸坝调度及监测预警提出要求，推动建立水污染联防联控工作长效机制。《通知》在加强源头防范、开展联合监测、统筹防洪防污、加强应急处置、完善会商机制等方面提出要求，力求能够预防和减少跨界纠纷，推动上下游联动协同治污。

第三节　安徽省水污染防治主要工作

2016年，全省各地采取一系列措施，铁腕治理水体污染，取得明显成效。

一、全面实施水污染防治行动计划

1. 落实水污染防治工作责任。严格目标任务。省政府召开全省水污染防治工作会议，与各市政府签订《水污染防治目标责任书》，明确了各市水污染防治目标。各市政府分别与所辖县、区政府签订了水污染防治目标责任书，层层落实水污染防治责任。强化主体责任。各市县政府分别制定并公开水污染防治工作方案，省环保厅联合省直有关

部门召开《安徽省水污染防治工作方案》新闻发布会，做好宣传贯彻工作。确定年度工作任务。省水污染防治工作领导小组办公室印发《2016年度水污染防治主要工作任务》，要求各市政府、省直有关部门按照职责分工积极组织实施，确保2016年底前完成国家下达的工作任务。

2. 不断提升水环境管理举措。强化水环境质量目标管理。环保厅要求全省25个未达到水质目标的市、县制定水体达标方案，明确防治措施及达标时限，并按国家技术指南要求对县、区环保部门进行培训。严格预审准入。把水环境质量是否达标作为项目预审的前置条件，全年共受理20个预审项目，否决污染严重、环境风险高的项目10个。推进工作纵深落实。通过调度、通报、预警、现场督查等多种方式，深入推进工作开展与落实。加强横向部门协作。召开水污染防治工作领导小组会议，部署推进重点工作任务，通报存在问题。加强与省直相关部门工作沟通与协调，通过调度工作任务进展、编发水污染防治工作简报等方式，推进年度重点工作任务落实。对水体达标、黑臭水体、农村环境整治等重点难点工作进行研究。

二、对突出的环境问题实行挂牌督办

近年来，挂牌督办已成为环保部门经常运用的常规环境管理手段。作为一种高压手段，挂牌督办是指上级政府和环境等行政主管部门通过社会公示等办法，督促限期完成对重点环境违法案件的查处和整改任务。2015年8月13日，安徽省环保厅对全省98起突出环境问题实施省级挂牌督办，涉及16个地级市和1个直管县。为发挥社会舆论监督作用，宣传环境执法成效，2016年3月、6月、8月，安徽省环保厅召开了三次环境执法新闻通气会，向媒体公开通报了98起突出的环境问题挂牌督办整改进展情况、全省违法违规建设项目清理整改情况和近期全省环境违法案件查处情况。截至2016年7月底，全省98起挂牌督办案件已有81起完成整改并解除挂牌，尚有17起突出的环境问题未整改完成。在挂牌督办的水污染事项中，包括企业污水处理设施长期不运行，部分污染防治设施损毁严重问题；经济开发区未建设园区污水处理厂；河流水质污染问题；畜禽养殖场污染防治设施简陋，运行不正常带来的面源污染问题；企业污水未经处理直接对外排，对附近地表水造成污染；未按环评建设水污染防治设施或水防治设施的处理能力与实际需求不匹配，不能确保废水稳定达标排放等。通过挂牌督办，一批群众反映强烈、影响社会稳定的突出环境问题得到解决，对水污染治理起到积极的促进作用。

三、继续推进水环境生态补偿机制建设

1. 深入推进新安江水环境生态补偿机制创新。经皖、浙两省财政、环保部门多轮会商，12 月 8 日，皖、浙两省正式签订新一轮新安江流域上下游横向生态补偿协议。新协议成功争取了中央财政的延续支持政策，同时皖浙两省在资金额度、计算方式、补偿办法及资金使用要求上进一步细化并调整。试点开展以来，生态补偿试点累计投入 103.5 亿元，完成生态保护项目 134 个，新安江流域连续四年达到补偿条件。同时，新安江试点还被纳入中共中央、国务院《生态文明体制改革总体方案》和《关于健全生态保护补偿机制的意见》。

2. 完善大别山水环境生态补偿机制。在淠河总干渠水质连续两年稳定达标的基础上，六安市政府编制了《淠河总干渠饮用水源地环境保护方案》，并建立完善了市级水环境治理项目库，收纳项目 184 个，总投资达 39 亿元。六安市对生态补偿项目实行分类实施，第一批 37 个项目计划总投资 1.94 亿元。截至目前，15 个项目已建成投运，20 个项目正在加紧建设。

3. 启动水环境区域补偿编制工作。按照“谁超标、谁赔付”“谁受益、谁补偿”“横向为主、纵向为辅”的原则，环保厅草拟了《安徽省水环境区域补偿办法（初稿）》，在全省范围内建立以市县补偿为主、省级财政给予支持的水环境横向生态补偿机制。环保厅与省财政厅经过多次会商研究修改，形成了“征求意见稿”，拟以省环保厅、省财政厅名义联合发文，征求各市政府意见。

四、创新污染联防联控机制

为推进跨界河流水污染联防联控，建立完善跨界水污染防控合作

机制，妥善处理跨界突发环境事件及污染纠纷，切实维护交界地区人民群众的环境权益和社会稳定，目前，合肥市和六安市、滁州市和马鞍山市、宿州市和蚌埠市、蚌埠市与亳州市、宿州市和江苏省徐州市、淮北市和宿州市、淮北市和江苏省徐州市、淮北市濉溪县和河南省永城市、阜阳市与亳州市、阜阳市和河南省周口市、阜阳市和河南省驻马店市、宣城市与浙江省杭州市、湖州市已经签订了跨界河流水污染联防联控合作的协议。通过协议，加大跨界流域污染防控力度、完善联合监测和预警机制、建立跨界突发环境事件应急联动机制、建立跨界环境污染纠纷协调处理机制、建立工作会商和交流机制等，为建立流域上下游水环境联防联治管理、跨行政区交界断面水质达标管理、跨市污染事故应急协调处理等合作机制、协调解决跨市流域水污染纠纷问题，打下坚实基础。

五、切实保障饮用水水源的安全

1. 聚焦饮用水水源保护区环境违法问题整改。督促挂牌、通报市县加快整改水源保护区内违法问题进度。宿州、六安市针对省厅挂牌督办的饮用水水源保护区环境违法问题制定了整改方案，明确了整改时限，两市已完成饮用水水源保护区划分及调整工作，正在按程序报省政府批复。淮南市完成一水厂饮用水水源保护区内龙王沟和姚家湾排污口截流工程。芜湖市正加快推进二水厂饮用水水源保护区内中石化码头搬迁工作，已确定中石化码头搬迁至长江大桥开发区 LNG 项目所在码头，并调整《芜湖港总体规划》。

2. 持续推进市县备用水源建设。会同省住建厅调度督促备用水源建设进度，截至目前，16 个地级市中 13 个市已建成备用水源，六安、芜湖、安庆三市正在施工，力争今年底完工；61 个县（市）中 31 个县（市）已建成备用水源。

3. 规范饮用水水源环境管理。会同省环境监测中心站开展安徽省地级市集中式饮用水水源 2015 年度环境状况评估工作，编制完成《评估报告》并通过环保部组织的验收。对安庆市一水厂、巢湖市三水厂等 6 个新建及调整的饮用水水源保护区划分技术报告进行审查。

六、继续开展水污染物总量减排

2016年，全省列入按月调度的年度计划项目112个，其中新建项目83个，上年结转提效项目29个，截止11月底，仅有1个项目未动工（因项目内容变更），总体进展情况良好。按照环保部“十三五”及2016年主要水污染物减排的目标任务，依据目标与环境质量改善目标挂钩分配原则，对各市的水减排目标任务进行细化分解各市重点工程减排量。认真做好年底减排台账核查核算工作及相关调研工作。2016年，全省减排任务是：水两项COD和氨氮分别比上年削减2%和2.9%，其中重点工程减排量分别为1.54万吨和0.21万吨。经初步测算，COD合计减排约1.73万吨，氨氮合计减排约0.28万吨，其中重点工程减排量分别为1.6万吨和0.22万吨。经初步核算，今年水两项主要污染物及相应的工程减排量能够完成年度减排目标任务。

七、加强水质较好湖泊生态环境保护

1. 完成2015年度项目资金绩效评价。完成瓦埠湖、太平湖、黄大湖、焦岗湖和佛子岭水库生态环境保护项目资金绩效评价报告审核工作，并上报财政部、环保部。五个湖水质保持稳定，太平湖和佛子岭水库水质稳定保持在Ⅱ类，瓦埠湖、黄大湖和焦岗湖水质稳定保持在Ⅲ类。

2. 完成2016年度实施方案批复和报备工作。会同规财处联合省财政厅完成太平湖、黄大湖、焦岗湖和佛子岭水库2016年度生态环境保护实施方案的审查与批复，并上报环保部和财政部备案。

3. 推进专项湖泊生态环境保护方案实施。实以绩效为核心，推进水质较好湖泊生态环境保护方案实施。对纳入国家湖泊专项的五个湖采取定期调度、中期评估、提前预警等形式，督促年度方案实施进展。总体方案确定的太平湖项目72个，已完工59.7%；瓦埠湖项目71个，已完工42.3%；焦岗湖项目26个，已完工57.7%；黄大湖项目90个，已完工25.6%；佛子岭水库项目37个，已完工40.5%。

第五章　安徽水生态文明建设

水生态文明是生态文明的重要内容和基础保障，即人类在处理与水的关系时应达到的文明程度。水生态文明建设的核心是人与自然和谐相处，重中之重是水资源的节约，关键所在是水生态保护，重要目标是与经济建设、社会发展相协调。

第一节　水生态文明建设概述

一、水利发展与生态文明建设关系

水利是指人类社会为了生存和发展的需要，采取多种措施对自然界的水进行兴水利、除水害的各项事业和活动。随着经济社会的不断发展，水利的内涵也随之不断充实和扩大。在人类文明发展到生态文明时代的今天，水利的内涵也应随之扩大到水生态文明建设的范畴。在水利发展的各个方面和水利建设的各个环节，要始终坚持“人与自然和谐相处”和“生态环境保护优先”的方针，加快传统水利向现代水利、可持续发展水利的转变[①]。

（一）水环境是生态文明建设之要

十八大报告把“优化国土空间开发格局”作为生态文明建设的第一部分内容，指出：促进生产空间集约高效、生活空间宜居适度、生态空间山清水秀，给自然留下更多修复空间，给农业留下更多良田，给子孙后代留下天蓝、地绿、水净的美好家园。阐述了水环境是生态态文明建设之要，生态文明建设离不开水环境文明的建设。

① 马建华．推进水生态文明建设的对策与思考［J］．中国水利，2013（10）：1—4.

（二）提高水的利用效率和效益是生态文明建设的标志

十八大报告在第二部分“全面促进资源节约”中指出：加强全过程节约管理，大幅降低能源、水、土地消耗强度，提高利用效率和效益。加强水源地保护和用水总量管理，推进水循环利用，建设节水型社会。发展循环经济，促进生产、流通、消费过程的减量化、再利用、资源化。阐明了水管理和生态文明建设的关系。水是有限的，发展是无限的，要使用有限的水适应无限的经济社会发展，节约用水是唯一途径。通过各种措施提高水的利用效率和效益，建设用水文明社会，才是生态文明建设的重要标志。

（三）提高水保障能力是生态文明建设的基础

十八大报告在第三部分“加大自然生态系统环境保护力度”中指出：要实施重大生态修复工程，增强生态产品生产能力，推进荒漠化、石漠化、水土流失综合治理，扩大森林、湖泊、湿地面积，保护生物多样性。加快水利建设，增强城乡防洪、抗旱、排涝能力。加强防灾减灾体系建设，提高气象、地质、地震灾害防御能力。坚持预防为主、综合治理，以解决损害群众健康突出环境问题为重点，强化水、大气、土壤等污染防治。论述了水保障能力与生态文明的关系。毋庸讳言，一个时期以来，我国处于社会主义建设的初级阶段，经济发展过程中没有摆脱“先污染后治理”的窠臼，水保障能力低下的问题已经制约了生产力的发展，水污染、水土流失、湿地萎缩、防洪抗旱能力建设滞后，“水多、水脏、水浑”的问题日益突出，这与我国全面建成小康社会的目标很不适应。只有解决了这些问题和矛盾，才能为生态文明建设打下良好的基础。

（四）实行最严格的水资源管理制度是生态文明建设的重要组成部分

十八大报告在“加强生态文明制度建设”中指出：要把资源消耗、环境损害、生态效益纳入经济社会发展评价体系，建立体现生态文明要求的目标体系、考核办法、奖惩机制。建立国土空间开发保护制度，完善最严格的耕地保护制度、水资源管理制度、环境保护制度。深化资源性产品价格和税费改革，建立反映市场供求和资源稀缺程度、体现生态价值和代际补偿的资源有偿使用制度和生态补偿制度。积极开展节能量、碳排放权、排污权、水权交易试点。这体现了水制度建设与生态文明的关系。长期以来，GDP 是我国经济社会发展的唯一指标，实际上，所获得的 GDP 很大程度上是以水资源的过度消耗、水环境的严重破坏为代价的，水资源的稀缺程度在供求关系中没有体现，必须建立绿色 GDP 和蓝色 GDP 为评价指标的考核体系，实行最严格的水资源管理制度，建立体现水文明建设要求的目标体系、考核办法、奖惩机制，体现水资源价值和代际补偿的资源有偿使用制度和水生态补偿制度。这是生态文明建设的重要组成部分。

二、水生态文明内涵

水生态文明是生态文明衍生出来的一种关于人与水生态系统如何平衡相处的文明。水生态系统是由水安全、水资源、水生态、水环境、水文化以及水管理等组成的一种动静相宜的存续链。那么，水生态文明就是要以科学发展观为指导，以生态文明建设为总体方向和目标统领，遵循人、水和谐发展的客观规律，以水定需、量水而行、因水制宜，使水安全能够得到保障，使水资源能够保持永续，使水生态得以保持完整，使水环境可以不断优化，水文化能够得到弘扬，水管理保持科学合理，由此所取得的物质、精神、制度方面成果的总和[①]。

水生态文明是生态文明的重要基础和核心支撑。可以从以下六个方面来认识水生态文明的内涵：(1) 水生态文明是保障生命状态永续发展的一种文明；(2) 水生态文明是防治水旱灾害，达到水安全的一种文明；(3) 水生态文明是满足人类发展需求，保障水资源得以永续利用的一种文明；(4) 水生态文明是提高人类生存、生活、生产环境的一种文明；(5) 水生态文明是传播亲水、近水、爱水文化的一种文明；(6) 水生态文明还是指引水管理工作科学合理的一种文明。

三、水生态文明建设目标与任务

2013 年初，水利部成立了以陈雷部长任组长，胡四一副部长、周

---

① 王文珂．水生态文明城市建设实践思考［J］．中国水利，2012 (23)：33－36.

学文党组成员、汪洪总工任副组长，各司局主要负责同志为成员的水利部水生态文明建设领导小组。3 月，出台《关于加快推进水生态文明建设工作的意见》，按照十八大报告关于生态文明建设的要求，对水利系统加快推进水生态文明建设进行了全面部署，提出了水生态文明建设的指导思想、基本原则和目标，明确了八项主要工作内容[①]。

（一）水生态文明建设的目标

最严格的水资源管理制度有效落实，“三条红线”和“四项制度”全面建立；节水型社会基本建成，用水总量得到有效控制，用水效率和效益显著提高；科学合理的水资源配置格局基本形成，防洪保安能力、供水保障能力、水资源承载能力显著增强；水资源保护与河湖健康保障体系基本建成，水功能区水质明显改善，城镇供水水源地水质全面达标，生态脆弱河流和地区水生态得到有效修复；水资源管理与保护体制基本理顺，水生态文明理念深入人心。

（二）水生态文明建设任务

一是落实最严格的水资源管理制度。二是优化水资源配置。三是强化节约用水管理。四是严格水资源保护。五是推进水生态系统保护与修复。六是加强水利建设中的生态保护。七是提高保障和支撑能力。八是广泛开展宣传教育。

四、水生态文明城市及其工作部署

水生态文明城市，是指按照生态学原理，遵循生态平衡的法则和要求建立的，满足城市良性循环和水资源可持续利用、水生态体系完整、水生态环境优美、水文化底蕴深厚的城市，是传统的山水自然观和天人合一的哲学观在城市发展中的具体体现，是城市未来发展的必然趋势，是“城在水中、水在城中、人在绿中”，人、水、城相依相伴、和谐共生的独特城市风貌和聚居环境，是人工环境与自然环境的协调发展、物理空间与文化空间的有机融合[②]。它不但要保持良好的自

① 水利部．关于加快推进水生态文明建设工作的意见［R］．北京，2013.

② 王文珂．水生态文明城市建设实践思考［J］．中国水利，2012（23）：33－36.

然生态环境，还应具有适宜的人工环境和丰富的人文内涵，核心是以人为本，目标是人与自然和谐相处。水生态文明城市是城市水利发展的必然目标，必将对城市发展和水利建设产生积极深远的影响。

水生态文明城市的内涵可以从以下四个方面去理解：第一，从内在本质上看，水生态文明城市是城市的水生态、社会生态、经济生态等各个系统有序和共同发展。其核心内涵是人、水、城市交互共生的文化传承，以及相应文明成果的积累和追求。第二，从价值观上看，水生态文明城市的理论出发点是有限的人类中心主义或弱人类中心主义。第三，从空间属性上看，水生态文明城市是一个开放、流动的空间。第四，从表现形态上看，水生态文明城市不仅是一个目标和状态，更是一个不断推进的过程。

总的来说，水生态文明城市就是要在城市的规划、建设过程中，科学合理地解决和处理水安全、水平衡、水供给、水循环、水景观和水文化六个方面与城市经济社会发展的协调关系。

为充分发挥水在生态保护中的基础性作用，加快构建水资源保护和河湖健康保障体系，水利部以“节水优先、空间均衡、系统治理、两手发力”为指引，启动了水生态文明建设工作，并分别于 2013 年、2014 年在全国分两批确定了 105 个基础条件较好、代表性和典型性较强的市，开展试点建设，探索符合我国国情的不同经济发展水平、不同水资源禀赋条件和水生态系统特点下的水生态文明建设模式。

第二节　安徽省水生态文明建设成就

一、重大水利工程加快推进

治淮工程稳步推进，长江干支流治理加快实施。引调水工程全面提速，淮水北调干线工程基本建成并试通水成功，引江济淮试验工程启动建设。大中型水库建设有序推进，下浒山水库、月潭水库开工建设。全省防洪体系不断完善，水利保障能力持续增强。水利建设投资规模再创新高。“十二五”期间，全省累计完成水利投资1073亿元，是“十一五”期间的2.42倍。截至2015年末，金融机构支持水利项目贷款余额471.4亿元[①]。

二、最严格的水资源管理制度初步建立

加快建立最严格水资源管理制度体系，水资源管理“三条红线”实现省、市、县三级全覆盖。出台《安徽省人民政府关于实行最严格水资源管理制度的意见》，开展最严格的水资源管理制度考核工作。编制省、市级水资源综合规划及水源地安全保障规划、节水型社会建设规划，加强水资源节约保护。全省万元GDP用水量和万元工业增加值用水量分别由2010年的238.5立方米、166立方米下降至2015年的130立方米、97立方米，比2010年分别下降45%、41.5%。农业灌溉水利用系数由0.49提高到0.524，全省重要江河湖（库）水功能区达标率由2010年的65%提高到2015年的73.8%[②]，全面完成“十二五”水资源管理的目标和任务。

三、水生态文明城市与水土保持建设加快

全力推进6座全国水生态文明城市、10座省级水生态文明城市、28个省级水环境优美乡村建设试点创建。大力开展以小流域为单元的水土流失综合治理、坡耕地改造等水土保持生态建设，完成治理水土流失面积2150平方公里，综合治理小流域316条，治理坡耕地10.14万亩，生态修复面积2000平方公里。

---

① 数据来源：安徽省信息公开网，具体网址：安徽省人民政府办公厅关于印发安徽省“十三五”水利发展规划的通知. http：//xxgk.ah.gov.cn/UserData/DocHtml/731/2017/1/11/661851285493.html.

② 数据来源：安徽省信息公开网，具体网址：安徽省人民政府办公厅关于印发安徽省“十三五”水利发展规划的通知. http：//xxgk.ah.gov.cn/UserData/DocHtml/731/2017/1/11/661851285493.html.

表 5-1　安徽省水生态文明城市及水环境优美乡村建设试点名单

级别	水生态文明建设试点城市	水环境优美建设试点乡村	批准时间
国家级	芜湖市、合肥市	/	2013 年
	蚌埠市、淮南市、全椒县、利辛县	/	2014 年
省级	马鞍山市、池州市、蒙城县等 5 个	六安市金安区张店镇洪山村、马鞍山市当涂县姑孰镇连千村、黄山市黄山区汤口镇山岔村、池州市贵池区里山街道元四村等 13 个	2013 年
	淮北市（城区）、滁州市南谯区（城区）、六安市（城区）、枞阳县（城关）、绩溪县（城关）等 5 个	合肥市：庐江县汤池镇果树村、冶父山镇铺岗村、巢湖市栏杆集镇赵集社区 淮北市：烈山区烈山镇榴园村 六安市：金安区双河镇草堰村、金寨县麻埠镇全山村、寿县茶庵镇关岗村 安庆市：怀宁县清河乡龙泉村、潜山县黄铺镇黄铺村、桐城市鲟鱼镇 宣城市：宁国市云梯畲族乡千秋畲族村 黄山市：黟县西递镇叶村、祁门县塔坊乡阳光村等 15 个	2014 年

四、体制机制改革不断深化

以水资源管理和小型水利工程管理体制改革为突破口，开展水利现代化、小型水利工程管护机制创新、水生态文明建设、水利专业灌溉服务组织等改革试点，以点带面，推进全省水生态文明建设改革创新。在芜湖、马鞍山和合肥市开展水利现代化建设试点；在定远、怀远和广德县开展小型水利工程产权制度改革和管护机制创新试点；开展水生态文明城市和水环境优美乡村试点，探索建立各具特色的水生态建设模式；在芜湖、蒙城县开展河湖管护长效体制试点。

五、水生态文明法治建设不断加强

强化水生态文明方面的立法建设，颁布《安徽省实施〈水土保持法〉办法（修订）》、《安徽省节水条例》，出台《安徽省农村饮水安全工程管理办法》，积极推进《安徽省湖泊保护条例》、《安徽省淠史杭灌区管理条例》立法工作。对 6 部涉水地方性法规、10 部涉水政府规章进行梳理和清理。持续加大执法力度，严肃查处重大水事违法案件。加强省际边界水事纠纷协调处理，营造和谐边界水事氛围。加强法制宣传，普法成果丰硕。广泛开展水生态文明宣传教育，全民节水、爱水、护水意识显著增强。

表 5－2　安徽省水生态文明方面的立法建设情况（2012—2017 年）

发布单位	名称	发布时间	亮点
安徽省政府	关于实行最严格水资源管理制度的意见（皖政〔2013〕15 号）	2013 年 3 月	确定“三条红线”，实施“四项制度”
安徽省人民政府办公厅	关于实行最严格水资源管理制度考核办法的通知（皖政办〔2013〕49 号	2013 年	明确省政府对各市落实最严格水资源管理制度情况进行考核，各市政府是责任主体。年度或期末考核结果为不合格的市政府，要限期向省政府做书面报告，提出限期整改措施
安徽省人民代表大会常务委员会	安徽省实施《中华人民共和国水土保持法》办法	2014 年 11 月	明确建立地方政府目标责任制和考核奖惩制度；强化规划法律地位与作用； 突出水土保持谁破坏谁治理、谁管理谁负责的原则，强化水土保持的法律责任
安徽省人民代表大会常务委员会	安徽省节约用水条例	2015 年 7 月	强化部门职责，不仅要求各级政府进行规划，还明确乡镇、街道办事处、开发园区管理机构的节约用水职责。鼓励公民举报浪费水行为，强化社会监督；深化水价改革；建立水资源监控体系

（续表）

发布单位	名称	发布时间	亮点
安徽省政府常务会议	安徽省农村饮水安全工程管理办法	2012年2月	农村饮水安全保障实行行政首长负责制，地方政府对农村饮水安全负总责
安徽省委办公厅、安徽省人民政府办公厅	安徽省全面推行河长制工作方案	2017年3月	2017年底前建成省市县乡四级河长制体系，覆盖全省江河湖泊

第三节　水生态文明城市建设的经验借鉴及政策建议

一、水生态文明建设的国际经验

国外的城市水生态文明建设不仅包括宏观层面上生态城市的实践，还涵盖了动植物栖息地、绿色廊道的打造、城市水系网络整合、城市水道的复兴以及滨水开放空间及其整治与再利用等，体现了多元化的空间层面[①][②]。

（一）滨水空间开放—多伦多城市湖滨地带再开发

2000年，加拿大政府、安大略省政府及多伦多市开始对多伦多湖滨地区进行规划和改造，先后进行了对污染地区清理、扩大公共用地、把公众开放空间共享给当地社区、改善湖水质量、增加城市住房供给、进行混合用地改造、发展新经济、改善交通运输网络性等改造提升措施。在其中实际的行动中，当地创新采用“政府私人合作”的方式。通过对Don河河口地区的提升改造，多伦多滨水地区与Don河河谷地

① 詹卫华，赵玉宗，汪升华．水生态文明城市建设的国际经验与借鉴［J］．中国水利，2016（3）：42－45.

② 詹卫华．水生态文明城市建设的国际借鉴［N］．人民长江报，2016－7－2.

的绿色空间自然联系一起，把原来21公顷的混凝土、空白荒地区域改造成一片新的湿地、沼泽等公用地区域，成为城市新增绿地。

（二）绿色生态水城—瑞典斯德哥尔摩哈马碧生态城

哈马碧位于瑞典首都斯德哥尔摩城区东南部，其以环抱美丽的哈马碧海而知名，最为人称道的是哈马碧当地的水资源利用技术。哈马碧人均日用水量为100升，污水中95%的磷回归土地。从适宜能源和排放的角度出发，哈马碧对土地中氮的回归量以及废水中化学含量进行了生命周期分析。与比斯德哥尔摩其他地区相比，该地区污水中的重金属和其他危害环境物质含量均低50%以上。污水经净化后，氮含量不高于每升60毫克，磷含量不高于每升0.15毫克。

（三）城市河道整治—美国德州圣安东尼奥河整治

圣安东尼奥河位于德克萨斯州圣安东尼奥市。1921年9月，圣安东尼奥市因圣安东尼奥河洪水决堤，造成数百万美元的损失和50人死亡的事件。为此，圣安东尼奥市政府决定对该河进行彻底的防洪整治。采取滨水区开发模式，对流经市中心的圣安东尼奥河畔进行古典氛围包装，突出威尼斯风情与商业设施相结合，创造滨水、亲水现象。其中的沿河步行带近4000公里长，伴随圣安东尼奥河蜿蜒流经市中心，打造一条带状滨河公园。步行带内植满茂盛的柏树、橡树、柳树，还有各种种满植物的小花园。

二、国际经验对我省的借鉴与启示

纵观国外水与城市关系发展演进的历史与进程，同时基于水要素的理想水生态文明城市发展模式探索与规划建设实践可以得出，伴随城市化的快速推进，以水资源、水环境、水空间、水景观、水文化等为依托载体的水生态文明建设早已成为国外城市经营与改善提升的重要手段与措施。众多国外成功的生态城市建设案例表明，在必须重视体制机制的推进工作的同时，还需要关注相关的法律条例完善、管理体制的市场化运作等保障条件。对相关成功案例进行深度对比分析和经验总结，对全省正在实施的水生态文明城市建设以及水生态文明推进具有一定的启示和借鉴意义[①②]。

（一）加强顶层设计，明确水生态文明建设目标

作为城市现代化发展的高级形态，水生态文明城市是一种新型城市发展模式。这里既包括物质空间的“生态化”，也涵盖社会文化的“生态化”，涉及水利建设和城市发展的众多方面，从而也是人与自然系统和谐相处、循序渐进的发展过程。加强安徽省水生态文明城市建设，需要根据我省各城市的实际发展情况制定相应的建设目标和指导原则，同时应明确水生态文明城市建设的主体及其责任。

（二）注重规划引导，突出水域空间与城市功能的相互融合

作为城市的重要开放空间，水域空间也是水生态文明城市推进的重要空间载体与渠道之一。水域空间不仅可以为城市居民提供休息、观赏、娱乐功能，同时还可以凭借优质的水景观、水环境吸引人流、物流等集聚，从而进一步丰富、扩展城市的文化和生活等功能，最终实现城市复合型功能开发与打造。为此，作为城市发展的重要空间组成内容，水域空间要纳入城市的整体规划与实践中，从战略层次上对空间开发策略进行整体把握，并要注重水域空间与城市功能的有机融合与渗透。

（三）强化科技支撑，注重吸收融合可持续发展的综合技术

水生态文明城市建设是城市自然、社会、经济复合生态系统的和谐，是城市发展与水生态平衡的耦合与协调。为此，水生态文明城市的打造、水生态文明的建设必须依托强大的科技和生态适应技术，细致开展水生态文明城市建设科技项目需求分析及其推广应用等工作，对包括环保技术、现代生态技术等融合可持续发展的多种先进技术进行充分吸收，并融入运用到水生态文明城市建设中。

（四）做好体制保障，健全相关政策体系

政策完善与制度创新也是水生态文明城市建设这复杂系统工程中的关键环节。建议加强政策顶层设计，从省级以及国家层面推进

---

① 詹卫华．水生态文明城市建设的国际借鉴［N］．人民长江报，2016－7－2.

② 詹卫华，赵玉宗，汪升华．水生态文明城市建设的国际经验与借鉴［J］．中国水利，2016（3）：42－45.

与水生态文明城市建设相关的发展政策与法律依据。同时，进一步加强监督管理、投资保障投入、激励举措等体制机制创新研究。在对地方官员的政绩考核体系设计中，应体现水生态文明城市建设要求的目标体系、考核办法、奖惩机制，建立并实施终生责任追究制度。

三、国内水生态文明城市建设案例分析——济南

（一）基础条件

济南是享誉中外的“泉城”和国家历史文化名城，水是独特的自然景观和深厚的历史文化的重要载体。但济南同时也是全国40个严重缺水的城市之一，人均水资源占有量为373立方米，不足全国人均占有量的六分之一；同时，地表水体环境质量较差、天然河湖湿地生态系统受损、自然生态需水保障率较低和水资源配置体系不完善、水资源利用效率偏低（在水资源开发和利用方面，一直以地下水为主要供水源，没有形成地表水、地下水、客水及中水资源、多水资源统一调度的运用机制，导致地下水严重超采，地表水、黄河水开发不足，中水资源不能有效地利用、工业及城市用水结构不合理、农业灌溉水有效利用率为50%左右）、污水处理率不高等问题，其中干旱年份的生活、生产与生态用水和保持泉水喷涌的矛盾相当突出，亟待加强自然水生态环境保护和修复，提高水资源的支撑和保障能力，强化全社会节水减污体系建设，实现城市功能的跨越和人居环境的提升。

（二）战略任务

坚持科学发展观，按照十八大生态文明建设的战略部署，以“科学发展，建设美丽泉城”为目的，以增进社会水福利、提升城市品质为主题，以转变水资源开发利用方式及涉水的生产与消费方式为主线，通过水生态系统保护与修复、各行业节水减污体系的建设，科学严格水资源管理和现代泉城水文化的培育，形成包括自然文明、用水文明、管理文明和意识文明为支撑的水生态文明，塑造人水和谐关系的局面，将济南建成水生态文明建设的先行区、集成区和示范区。

(三) 发展目标

形成“河湖连通惠民生，五水统筹润泉城”的现代水利发展格局，实现“泉涌、河畅、水净、景美、人和”的总体目标。具体目标：自然文明目标、用水文明目标、管理文明目标、意识文明目标，根据四个方面的目标，选取47个指标作为济南市水生态文明试点建设的目标表征指标。

构建4个体系（健康优美的水生态体系、安全集约的水供用体系、科学严格的水管理体系、先进特色的水文化体系），围绕4个体系建设，制定28项建设任务，对应目标指标的责任分工，落实具体建设任务和措施。

试点建设期为2013—2015年，具体分三个阶段：2012—2013年为动员启动阶段；2013—2015年为整体推进阶段；2015年之后为提升完善阶段。

(四) 基本做法

1. 政府负总责。成立以市政府主要领导为组长，分管领导为副组长，市有关部门和区县主要负责人为成员的创建水生态文明市试点工作领导小组。下设综合组、水生态、水供用、水管理和水文化工作组。

2. 部门承担。将目标任务分解到县（市）区、落实到部门、具体到项目、量化到个人，形成人人有责、层层落实、环环相扣、行之有效的齐抓共管的工作推进机制；并把水生态文明试点建设任务完成情况和水资源管理目标纳入市委对各县（市）区科学发展综合考核。

3. 双重监督。建立市人大对试点建设的定期检查和监督机制，政府开展自评自查，向人大汇报，接受人大监督；建立社会公众的监督机制，年初向社会公布试点建设的目标与任务，年终形成报告在媒体或相关平台上公示，接受社会监督。

4. 实施水系连通工程。实现地表水、地下水、黄河水、长江水和非常规水“五水”统筹，联合调度，优化配置，优水优用。

5. 委托专业机构进行跟踪评估，出具报告，为下阶段工作改进、试点中期评估提供依据。

（五）取得成效

作为全国首个水生态文明城市建设试点，济南市3年来创新体制机制，建立以生态保护为主导的绩效评价考核体系；在全市推行行政领导任河长、公众人士做河流代言人的“一河双人制”；注重生态修复实效。通过试点建设，在GDP年均增长8.8%的情况下，全市取用水总量由2012年的16.8亿立方米下降到2015年的15.22亿立方米，万元工业增加值取水量由15.7立方米下降到12.31立方米，农业灌溉有效利用系数提高到0.65，水功能区水质达标率由42.6%提升到78.6%。有效改善了济南的水生态环境，保障了历史名泉的持续喷涌[①]。

2016年11月，济南市通过了水利部和山东省政府的联合验收。水利部组织召开现场交流会，推广济南经验做法，要求全国105个水生态文明城市建设试点在2020年前全面完成。

评审专家对济南水生态文明创建工作给予高度评价。专家组认为，济南围绕构筑区域健康水循环、打造山泉湖河城生态共同体，以地下水位维护和地表水网建设为抓手，着力推进南部海绵山体建设，划定四条保泉生态控制红线，实施地下水位黄橙红监控预警，实行最严格的地下水资源管理，依托全市水网实施多水源联合调配和河湖生态系统修复，编写了全国首套水生态文明教育读本，实行七水共治、七城联创，探索形成了“水网水位并举，多元联创共建”的区域水生态文明建设模式，对于北方地区水生态文明城市建设实践具有重要的借鉴和推广意义[②]。

四、安徽水生态文明建设存在问题与政策建议

（一）安徽水生态文明建设存在的问题

1. 管理不顺畅

水系管理部门较多，涉及多级水务、城管、环保、园林等部门。

---

① 肖家鑫．水生态文明城市建设济南率先通过试点验收［N］．人民日报，2016－11－9.

② 李小梦．我市3年投资309亿元建设水生态文明城市［N］．济南日报，2016－11－8.

就地方而言，相关管理职能在市直相关部门，而工作运转、责任落实却在县（区）直部门，造成职责不清晰、权责不一致。管理部门、执法部门众多，给水系规划、建设、保护造成很大不便。

2. 水系规划不足

长期以来，对水系规划建设的内涵认识不深，对水系综合治理的长期性、艰巨性认识不足，历史欠账较多，没有真正把它与城市建设、经济社会发展结合起来。由于这些客观因素，在水系建设方面基础工作薄弱，特别是水系规划、开发利用缺乏超前性，滞后于经济社会发展以及城市开发建设的需要。

3. 体制机制不健全

生态水系建设是一个新课题，加强水生态文明建设是一项涉及多行业、多部门的系统工程。目前，生态补偿机制、投入保障机制、市场化运行机制等管理运行机制尚不健全，亟待完善，特别是现有资金来源渠道单一，主要依靠政府性资金投入，吸收社会资金投入方面的机制不灵活。

4. 水环境恶化趋势仍未根本扭转

水环境治理存在重城市轻农村的现象，水污染问题未得到根本解决。城镇生活污水没有完全集中处理，乡村几乎没有截污处理设施，生活污水没有得到有效处理，农业面源污染、投肥养殖问题依然突出。同时，全省防汛安全隐患依然存在。

（二）推进安徽水生态文明建设的政策建议

1. 健全体制机制

理顺管理体制。加强生态水系建设、推进水生态文明，需要进一步完善“政府领导、部门联动、社会参与”的水生态文明共建机制，特别是要落实各级政府和相关部门的主体责任，健全试点工作联席会议制度。建议对涉及水生态文明建设的相关部门职能进行整合，由一个部门或者工作委员会进行集中管理，建立务实高效、运转有序、责权一致的管理体制。

改革干部考评制度。把资源消耗、环境损害、生态效益纳入经济社会发展评价体系，建立体现水生态文明要求的考核办法和奖惩机制。

当前的重点任务是加快建立和落实最严格的水资源管理责任与考核制。

强化技术支撑。一要完善监测体系，加强对江河湖泊自然水文情势、地貌形态、水体物理化学特征、自然生物群落等的监测，以及水生态系统保护与修复措施跟踪监测等。二要加强各项指标考核技术支撑，完善信息统计体系，实现考核的公正与公平。三要加强相关技术研究和技术标准制定，积极研发推广水生态保护与修复新技术、新材料和新工艺。

2. 加强规划及其衔接

强化规划统领。实现人水和谐相处，规划必须先行。不仅要把水生态文明建设列入各地区生态文明建设规划，还要列入经济社会发展规划。其他专项规划也需要将水生态文明建设相关任务作为重要内容，特别是水系规划要与城市发展总体规划、土地利用总体规划和环境保护规划等规划相协调一致，保证工作的一致性和延续性。

强化规划落实。加强《水法》《防洪法》《水土保持法》的贯彻落实，实施严格的山、水、林规划管护制度，凡涉及开山、填水和伐林的建设项目，必须经当地政府批准同意，坚决不搞选择性执法；凡涉及城市建设、开发区建设和居民区建设等布局，必须符合水功能区规划要求，并做好水资源论证、防洪环境影响评价和水土保持方案审批，防止水生态环境遭受破坏。

3. 培养树立水生态伦理价值观

水生态伦理价值观是生态伦理价值观的重要组成部分，坚持节约优先、保护为重、自然恢复为主的指导方针，把握以水定需、量水而行、因水制宜，促进经济社会发展与水资源水环境承载力相协调的基本原则，努力形成适应节约水资源和保护水环境的空间格局、产业结构、生产方式和生活方式。在各类水利工程的设计、建设和运行调度中，都要突出人水和谐理念。

水生态伦理价值观的培养需要引导全社会树立节水、爱水和护水的水生态文明理念，形成文明治水、文明管水和文明用水的良好氛围。营造广大居民节水、爱水、护水和亲水的良好氛围，为我省水生态文明建设打好思想基础。当前，尤其是需要提高全社会的节水意识，切实把节水贯穿于经济社会发展和群众生产生活的全过程。建议：一是加大对城市节水工作的宣传力度，提高广大群众和企事业单位对水资源短缺严重性的认识，增强保护、节约水资源的责任感和紧迫感，掌握科学的节水知识。二是大力推广节水技术和节水器具，改变旧的用水观念、用水习惯，养成正确的用水观念和用水习惯，形成节约用水、合理用水、保护水资源的良好生活方式。三是探索实行城市生活饮用水和清洁用水相分离，出台相关优惠政策，鼓励开发商在新建居住小区时，同时建设饮用水管道和清洁用水管道，实现全民节水。四是建立公众对水生态建设意见和建议的反馈渠道，鼓励广大人民群众对我省水生态文明建设献言献策。

4. 重视污水处理

城市污水量稳定集中，不受季节和干旱影响，经净化处理后的城市污水（中水），是城市稳定的再生水资源，且数量巨大。目前城市中的水利用率不高，还有很大的利用空间。建议：一是要加大城市基础设施建设力度，尤其是新区建设时，要高标准建设城市污水管网，并且管网建设要有一定的预见性、前瞻性，必须实现雨污分流。二是要加快城市污水处理厂的建设。三是提高中水回收利用率，使经过处理达标的污水能够循环使用，作为城市园林绿化、工业回用、市政道路养护、景观用水、洗车等行业用水。

5. 打造水文化品牌

我省水资源相对丰富，水生态景观众多，水文化历史沉积厚重，文化旅游资源十分丰富。水文化是水生态文明建设的重要组成部分，要注重水生态文明建设中水文化的挖掘与培育，重视水生态文化提炼，形成一批具有地方特色的水生态文明建设精品和文化作品。

生态水系的建设、水文化品牌的打造，不仅可以改善城市的环境质量，增强城市的吸引力，满足市民的精神需求，更重要的是能够提高水系周边土地的利用价值，促进招商引资，带动旅游、房地产等产业的发展。建议树立经营水系的理念，把水系建设与周边的道路、绿化、景观、治污、建筑、产业，以及拆迁改造等结合起来，通过水系建设不断提升水系周边土地的利用价值，通过土地的升值反哺生态水系建设。

6. 创新投融资及运行管理模式

水生态文明建设需要大量的资金投入。目前单纯依靠政府资金投入，这是远远不够的。建立水利投资基金，变水利资产为水利资本，做好水利建设融资工作。逐步建立以政府投入为主导、全社会共同参与的多元化水利投入增长机制，既要加大政府投入，又要积极争取上级项目，整合涉水建设资金；既要利用好“过桥资金”及抵押贷款优惠政策，又要激发市场潜力，积极鼓励和支持社会资本进入，调动企业、社会组织和公众参与的主动性、积极性，形成全社会建设水生态文明城市和水环境优美乡村的强大合力。

第六章　安徽水污染防治设备制造业分析

近年来，水污染防治设备制造业发展迅速，俨然已成为我国设备制造业中发展速度最快的行业之一，该行业的发展对防治环境污染、改善生态环境、促进资源优化配置、确保资源永续利用以及环境与社会和谐发展意义重大，并逐步已成为我国国民经济结构中重要的组成部分和新的增长点[1]。对此，本章将从全国和安徽省两个考察角度对水污染防治设备制造业的基本情况进行分析研究。

第一节　全国水污染防治设备制造业行业基本状况分析

随着近年来国家在基础设施方面的建设与投资的不断加大，冶金、电力和建材等基础型行业发展快速，水污染治理设备制造业作为这些基础型行业为实现“清洁生产，循环经济”目标的重要配套行业，市场需求日益扩大[2]，同时，随着国家环保新政的不断出台和环保要求的不断提高，各行业企业纷纷加大对环境保护基础设施的建设与投资力度，进一步带动了水污染治理设备制造业的市场需求和产业发展。

根据国家统计局和中国产业信息网的数据统计，2006 年中国水污染防治设备产量为 1.64 万台，2007 年中国水污染防治设备产量为 0.58 万台，同比下降 64.63%，2008 年中国水污染防治设备产量为 1.02 万台，累计同比增长 75.86%，2009 年中国水污染防治设备产量为 4.52 万台，同比增长 343.14%，2010 年中国水污染防治设备产量为 2.75 万台，同比下降 39.16%，2011 年中国水污染防治设备产量为 2.52 万台，同比下降 8.36%，2012 年中国水污染防治设备产量为 8.68 万台，同比增长 244.44%，2013 年中国水污染防治设备产量为 12.55 万台，同比增长 44.59%，2014 年中国水污染防治设备产量为 20.69 万台，同比增长

64.86%，2015年，鉴于数据的可得性，1—10月累计中国水污染防治设备产量16.04万台，同比增长5.73%（2014年1—10月累计中国水污染防治设备产量15.54万台）。2015年10月中国水污染防治设备产量为2.56万台，同比增长24.88%（2014年10月中国水污染防治设备产量为2.05万台）[①]。相关数据如图6-1和图6-2所示。

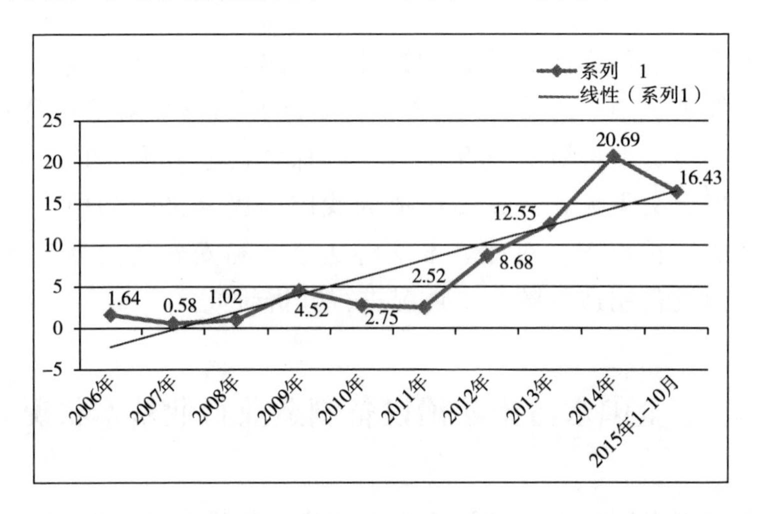

图6-1 2006—2015年前10个月累计的中国水污染防治设备制造业产量

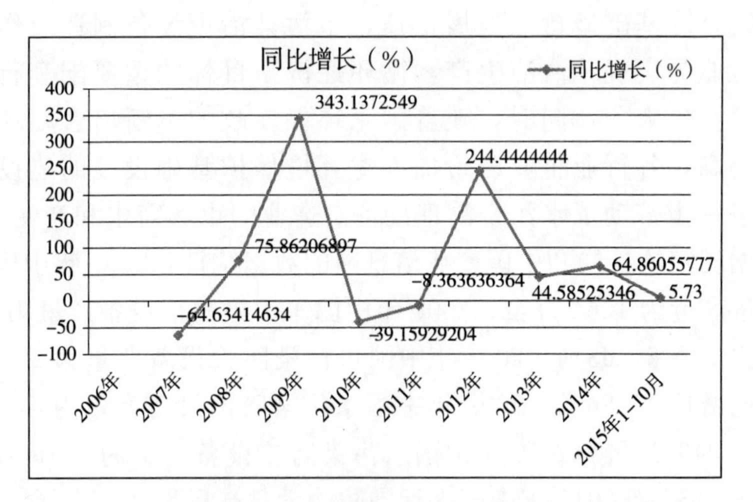

图6-2 2006—2015年前10个月累计的中国水污染防治设备制造业同比增长

① 数据来源：中国产业信息网，数据网址：http：//www.chyxx.com/data/201511/354670.html.

由图6-1和图6-2可以看出，自2006年以来，中国水污染防治设备制造业产量基本上呈现出不断上升的趋势，尤其是2012年，水污染防治设备制造业产量提升迅速。2015年1—10月的产量已接近2014年的年度总额，按此势头，当超出2014年的总产量。从同比增长率上来看，除2007、2010、2011年增长率为负（分别为—64.63%、—39.16%、—8.36%），其他年份的同比增长率都为正，且近年来2009年的增长率最大（343.14%），其次是2012和2014年，增长率分别为244.44%和64.86%。

从月度统计数据上来看，采集到2014和2015两年水污染防治设备制造业产量的部分月度数据如图6-3所示。由图6-3可以看出，近两年的水污染防治设备制造业产量的趋势雷同，自3月份以来，除5月、7月产量有所下降外，一直到该年9月，其产量呈现出不断上升的态势。2014年6月产量为1.24万台，2015年6月产量为1.4286万台，2014年9月产量为2.06万台，2015年9月产量为2.5248万台，9—10月产量基本保持稳定。从数量上来说，2015年3—10月的水污染防治设备制造业的月度产量基本上均高于2014年同期①。

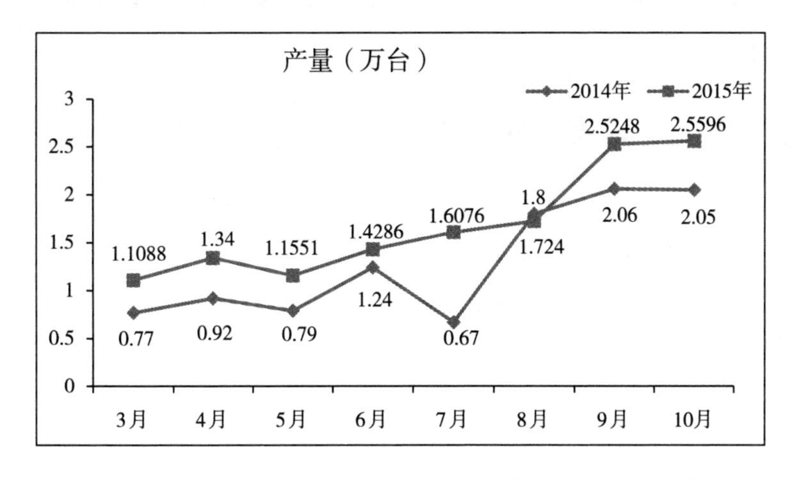

图6-3 2014—2015年3—10月水污染防治设备制造业月度产量

① 数据来源：中国产业信息网，数据网址：http：//www.chyxx.com/data/201511/354670.html.

2014—2015 年 4—10 月水污染防治设备制造业月度环比增长率如图 6-4 所示。2014 和 2015 年的环比增长率波动都较大，变化的形状也较为相似，6 月和 8 月的环比增长率较高，此后迅速回落——2014 年环比增长率为负的月份为 7、8、9 和 10 月，2015 年环比增长率为负的月份为 7、8 和 9 月[①]。

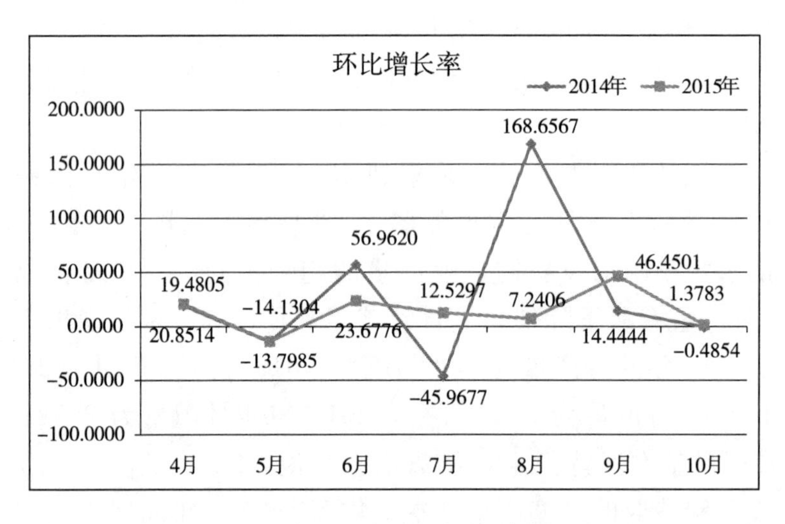

图 6-4 2014—2015 年 4—10 月水污染防治设备制造业月度环比增长率

第二节 安徽省水污染防治设备制造业基本状况分析

为贯彻落实《国务院关于印发水污染防治行动计划的通知》（国发〔2015〕17 号）精神，坚持绿色发展理念，切实加强水污染防治，努力改善水环境质量，保障广大人民群众身体健康，结合实际，2015 年 12 月 29 日安徽省发布了《安徽省水污染防治工作方案》[②]，该方案就安徽省水污染的总体目标、主要任务和保障机制方面进行了明确地阐释，并下达了 2017 年各市水污染防治的具体目标任务。随着社会经济发展、

① 数据来源：中国产业信息网，数据网址：http：//www.chyxx.com/data/201511/354670.html.

② 省政府办公厅．安徽省人民政府关于印发安徽省水污染防治工作方案的通知，http：//www.ah.gov.cn/UserData/DocHtml/731/2016/1/15/358683554749.html，2015 年 12 月 29 日。

市场需求和对水污染防治力度的不断加大[3]，安徽省水污染防治设备制造业发展持续取得突破。本部分将从安徽省产业发展的总体规模、与其他省份的比较以及子行业发展这三个方面来对发展现状进行分析。

一、行业总体规模

从行业生产总量方面来考察安徽水污染防治设备制造业的总体规模。2012、2013 年及 2014、2015 年各月份安徽水污染防治设备制造业产量见表 6－1 和图 6－5 所示。

由表 6－1 和图 6－5 可以看出，安徽水污染防治设备制造业产量基本上呈现出持续上升的态势。从数值上来看，2012 年为 660 台，时至 2014 年产量上升到 4171 台，2015 年前 10 个月总产量为 3713 台，2015 年 10 月份产量达到 343 台，超过 2012 年全年产量的 50%，安徽水污染防治设备制造业产量提升迅速。

从安徽水污染防治设备制造业产量占全国比重（表 6－1 和图 6－6）来看，自 2014 年以来基本稳定在 2%左右，2014 年之前比重波幅较大，2012 年比重只有 0.76%，2013 年达到 1%，2015 年 4—6 月累计产量比重超过全国同期 3%。

表 6－1 2012—2015 年全国与安徽水污染防治设备制造业产量数据

时间	全国	安徽	比重（%）
2012 年	86837	660	0.76
2013 年	125466	1337	1.07
2014 年 1—3 月	31608	809	2.56
2014 年 4—6 月	45006	1013	2.25
2014 年 7—9 月	58229	1232	2.12
2014 年 10—12 月	72070	1117	1.55
2015 年 1—3 月	39761	829	2.08
2015 年 4—6 月	45788	1377	3.01
2015 年 7—9 月	49092	1164	2.37
2015 年 10 月	25596	343	1.34

数据来源：中国产业信息网

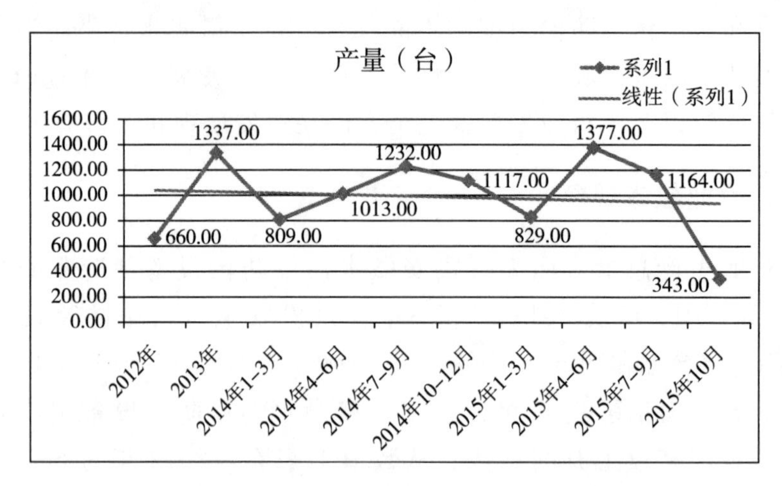

图 6-5　2012—2015 年安徽水污染防治设备制造业产量

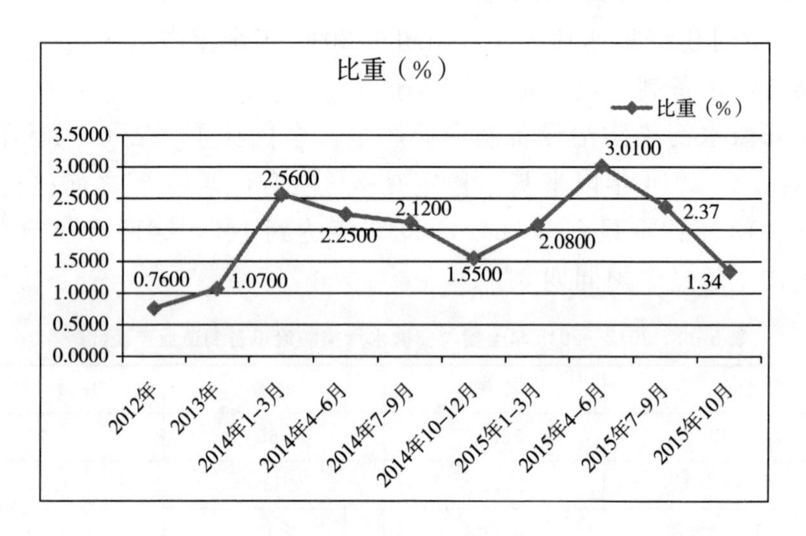

图 6-6　2012—2015 年安徽水污染防治设备制造业产量占全国比重

二、与其他省份的比较

进一步对安徽水污染防治设备制造业与其他省份进行比较研究，采集到 2014—2015 年各季度全国及各省市水污染防治设备制造业产量数据，见表 6-2 所列。

相对于长三角上海、江苏和浙江来说，2014—2015 年安徽省水污染防治设备制造业产量高于上海，但基本远低于浙江、江苏两省。从中部六省的比较来看，根据获取的数据，2014—2015年各季度安徽水污染防治设备制造业产量低于河南省，与湖北省相比，安徽省水污染防治设备产量全面高于湖北省，但自2014年第二季度开始，湖北水污染防治设备制造业产量也飞速提升，力追安徽，到2015年10月，湖北省2015年累计产量达到3276台，略低于安徽省产量。与湖南省相比，2014年各季度产量全面低于湖南省，从2015年开始，湖南省产量大幅度下降，到10月累计只有958台，而安徽省保持稳步上升趋势，2015年1—10月累计产量为3713台。因此，从设备产量角度而言，安徽目前处于中下游水平，提升空间广阔且需要进一步加大提升力度。

表6-2　全国及各省市水污染防治设备制造业产量　　单位：台

时间 地区	2014年 1—3月	2014年 1—6月	2014年 1—9月	2014年 1—12月	2015年 1—3月	2015年 1—6月	2015年 1—9月	2015年 1—10月
全国	31608	76614	134843	206913	39761	85539	134631	160227
北京	14207	17833	28952	51761	15880	22349	36722	46441
天津	—	—	—	—	—	—	—	—
河北	47	213	327	452	84	183	293	323
山西	—	—	—	—	—	—	—	—
内蒙古	—	—	—	—	—	—	—	—
辽宁	124	396	592	735	127	304	468	522
吉林	448	866	1640	1366	445	898	1293	1405
黑龙江	—	—	5	12	—	5	5	11
上海	48	134	189	244	167	286	565	692
江苏	1978	6744	10078	14179	2587	6409	10063	11099
浙江	1872	4658	7265	9492	2016	4449	7553	8499
安徽	*809*	*1822*	*3054*	*4171*	*829*	*2206*	*3370*	*3713*
福建	58	122	188	260	64	203	297	330
江西	—	—	—	—	—	—	—	—

（续表）

时间 地区	2014年 1—3月	2014年 1—6月	2014年 1—9月	2014年 1—12月	2015年 1—3月	2015年 1—6月	2015年 1—9月	2015年 1—10月
山东	2572	5701	12787	18634	4196	8370	13458	14818
河南	5403	30500	60412	93028	11780	36587	54878	65769
湖北	53	1287	2554	4202	744	1437	2750	3276
湖南	3557	5344	5652	6076	239	497	780	958
广东	342	751	1170	1606	316	634	971	1093
广西	8	—	—	—	—	—	—	—
海南	—	—	—	—	—	—	—	—
重庆	—	—	—	—	158	397	623	711
四川	61	189	371	563	116	279	474	565
贵州	4	10	13	23	3	9	13	14
云南	—	—	—	—	—	—	—	—
西藏	—	—	—	—	—	—	—	—
陕西	—	—	—	—	—	—	—	10
甘肃	17	44	70	109	10	37	55	61
青海	—	—	—	—	—	—	—	—
宁夏	—	—	—	—	—	—	—	—
新疆	—	—	—	—	—	—	—	—

数据来源：中国产业信息网

从各省市水污染防治设备制造业产量占全国比重（表6-3）的角度来看，与长三角两省一市相比，安徽水污染防治设备制造业产量占全国的比重高于上海（安徽为2.32%，上海为0.43%），但落后于江苏（6.93%）和浙江（5.30%）。

在中部六省中，安徽省2014—2015年仍是全面超过湖北，2014年低于湖南，2015年超过湖南。单从2015年1—10月累计来看，安徽水污染防治设备制造业产量占全国比重在中部排名第2，仅落后河南（第1，42.55%）。

表6-3 各省市水污染防治设备制造业产量占全国比重 单位:%

时间 地区	2014年1—3月	2014年1—6月	2014年1—9月	2014年1—12月	2015年1—3月	2015年1—6月	2015年1—9月	2015年1—10月
北京	44.95	23.28	21.47	25.02	39.94	26.13	37.28	28.98
天津	—	—	—	—	—	—	—	—
河北	0.15	0.28	0.24	0.22	0.21	0.21	0.22	0.20
山西	—	—	—	—	—	—	—	—
内蒙古	—	—	—	—	—	—	—	—
辽宁	0.39	0.52	0.44	0.36	0.32	0.36	0.35	0.33
吉林	1.42	1.13	8.63	0.66	1.12	1.05	0.96	0.88
黑龙江	—	—	0.00	0.01	—	0.01	0.02	0.01
上海	0.15	0.17	0.14	0.12	0.42	0.33	0.42	0.43
江苏	6.26	8.80	7.47	6.85	6.51	7.49	7.47	6.93
浙江	5.92	6.08	5.39	4.59	5.07	5.20	5.61	5.30
安徽	*2.56*	*2.38*	*2.26*	*2.02*	*2.08*	*2.58*	*2.50*	*2.32*
福建	0.18	0.16	0.14	0.13	0.16	0.24	0.22	0.21
江西	—	—	—	—	—	—	—	—
山东	8.14	7.44	9.48	9.01	10.55	9.79	10.00	9.25
河南	17.09	39.81	44.80	44.96	29.63	42.77	40.76	42.55
湖北	0.17	1.68	1.89	2.03	1.87	1.68	2.04	2.04
湖南	11.25	6.98	4.19	2.94	0.60	0.58	0.58	0.60
广东	1.08	0.98	0.87	0.78	0.79	0.74	0.72	0.68
广西	0.03	—	—	—	—	—	—	—
海南	—	—	—	—	—	—	—	—
重庆	—	—	—	—	0.40	0.46	0.46	0.44
四川	0.19	0.25	0.28	0.27	0.29	0.33	0.35	0.35
贵州	0.01	0.01	0.01	0.01	0.01	0.01	0.01	0.01
云南	—	—	—	—	—	—	—	—
西藏	—	—	—	—	—	—	—	—
陕西	—	—	—	—	—	—	—	0.01

（续表）

时间 地区	2014年 1—3月	2014年 1—6月	2014年 1—9月	2014年 1—12月	2015年 1—3月	2015年 1—6月	2015年 1—9月	2015年 1—10月
甘肃	0.05	0.06	0.05	0.05	0.03	0.04	0.04	0.04
青海	—	—	—	—	—	—	—	—
宁夏	—	—	—	—	—	—	—	—
新疆	—	—	—	—	—	—	—	—

数据来源：中国产业信息网

从各省市水污染防治设备制造业产量同比增长率（表6-4）角度来看，2014—2015年多数省市水污染防治设备制造业产量同比增长率提升，这可能充分反映了国家在水污染防治方面的政策效应。

与长三角的两省一市相比较，安徽水污染防治设备制造业产量的同比增长率基本为正——产量持续提升（2015年第一季度除外），而长三角两省一市水污染防治设备制造业产量同比增长率的正负波动较为频繁。以2015年10月底来说，安徽同比增长率高于江苏省、浙江省（江苏省为3.25%，浙江省为−0.72%，两省基数较大，故同比增长率相对稍低），但低于上海（21.62%）。

在中部六省中，2015年1—10月安徽累计同比增长率位居第1，略高于湖北省。

表6-4 全国及各省市水污染防治设备制造业产量累计同比增长率 单位：%

时间 地区	2014年 1—3月	2014年 1—6月	2014年 1—9月	2014年 1—12月	2015年 1—3月	2015年 1—6月	2015年 1—9月	2015年 1—10月
全国	19.24	6.54	5.11	4.61	18.51	5.82	7.87	11.01
北京	11.32	−6.13	−15.56	−4.41	10.68	19.5	21.16	37.31
天津	—	—	—	—	—	—	—	—
河北	−2.08	139.33	32.39	−17.67	−14.29	−13.68	−9.57	−10.28
山西	—	—	—	—	—	—	—	—
内蒙古	—	—	—	—	—	—	—	—
辽宁	90.77	34.69	27.59	13.78	—	−10.06	−5.26	−2.06

（续表）

时间 地区	2014年 1—3月	2014年 1—6月	2014年 1—9月	2014年 1—12月	2015年 1—3月	2015年 1—6月	2015年 1—9月	2015年 1—10月
吉林	21.08	18.63	15.59	16.55	−0.67	3.7	11.08	11.86
黑龙江	—	—	—	—	—	—	—	57.14
上海	−48.94	−23.43	−20.25	−15.28	247.92	−1.72	19.45	21.62
江苏	2.54	−15.34	10.7	4.3	1.41	−0.8	2.95	3.25
浙江	−3.06	19.28	24.94	−6.79	4.78	−4.92	−3.81	−0.72
安徽	*59.25*	*67.16*	*79.12*	*69.9*	*−4.49*	*10.58*	*10.35*	*8.19*
福建	38.1	17.31	5.62	10.64	10.34	66.39	57.98	60.98
江西	—	—	—	—	—	—	—	—
山东	44.61	13.14	32.21	21.47	63.14	46.82	5.25	−2.79
河南	55.8	26.09	27.28	26.87	27.63	−4.7	3.56	3.75
湖北	60.61	26.42	31.24	46.92	44.19	7.24	7.55	6.5
湖南	17.9	−26.87	−60.83	−69.66	2.58	0.2	−2.99	2.79
广东	−6.3	−7.85	−19.25	−38.25	−7.6	−15.58	−17.01	−16.82
广西	−65.22	—	—	—	—	—	—	—
海南	—	—	—	—	—	—	—	—
重庆	—	—	—	—	50.48	60.08	50.85	48.13
四川	−4.69	17.39	76.67	119.92	90.16	47.62	27.76	30.18
贵州	—	—	−23.53	−14.81	−25	−10	—	−6.67
云南	—	—	—	—	—	—	—	—
西藏	—	—	—	—	—	—	—	—
陕西	—	—	—	—	—	—	—	—
甘肃	142.86	131.58	25	29.76	−41.18	−15.91	−21.43	−25.61
青海	—	—	—	—	—	—	—	—
宁夏	—	—	—	—	—	—	—	—
新疆	—	—	—	—	—	—	—	—

数据来源：中国产业信息网

三、子行业分析

水污染防治设备制造业的细分行业主要包括三个：废水治理设备

和工业废水治理设备、废水污染物在线监测仪器。

（一）废水治理设备行业

废水治理设备一般是指利用物理、化学和生物的方法对废水进行处理，使废水净化，减少污染，以至达到废水回收、复用，充分利用水资源。废水治理是目前环境保护工作的一个重点。

鉴于数据的可获得性和科学性，采集到2004—2014年长三角两省一市和中部六省的废水治理设施数，见表6-5和图6-7所示。根据环境数据库的指标解释，废水治理设施数是指在治理设施中有专用（或兼用）的废水处理设备（或系统）。地区废水治理设施套数反映了地区废水治理设备行业的基本规模。

从样本数据可以看出，2004—2014年安徽省废水治理设施总数相对较为稳定，但相对于长三角两省一市和中部其他省份来说，其行业规模数量近年来基本处于下游水平。在考察地区样本期内，浙江省废水治理设施数量始终远超其他省市（2014年安徽废水治理设施总数尚不足其3/10），其次是江苏，江苏省近年来废水治理设施数量提升快速，时至2014年废水治理设施总数已超过7000套。

表6-5　2004—2014年废水治理设施套数　　单位：套

地区＼时间	2004	2005	2006	2007	2008	2009	2010	2011	2012	2013	2014
山西	2384	3560	3760	2700	2797	2548	2633	3401	3567	3037	3049
上海	1711	1707	1812	2718	1790	1730	1749	5872	1802	1743	1774
江苏	4366	4663	6809	5990	6469	6877	6973	7255	7495	7452	7498
浙江	5541	5858	6979	6821	7630	8202	8214	8462	8572	8283	8158
安徽	1470	1529	1550	1687	1795	1987	2084	2321	2412	2444	2692
江西	1220	1242	1515	1682	1767	1826	2014	2948	2488	2543	2597
河南	3404	3315	3242	3393	3211	3210	3105	3299	3610	3306	3488
湖北	1992	2163	2050	2102	2050	2068	2093	5296	2110	2084	2238
湖南	3027	3086	2916	3125	3149	3195	3155	3111	3131	3036	3094

数据来源：中国环境数据库

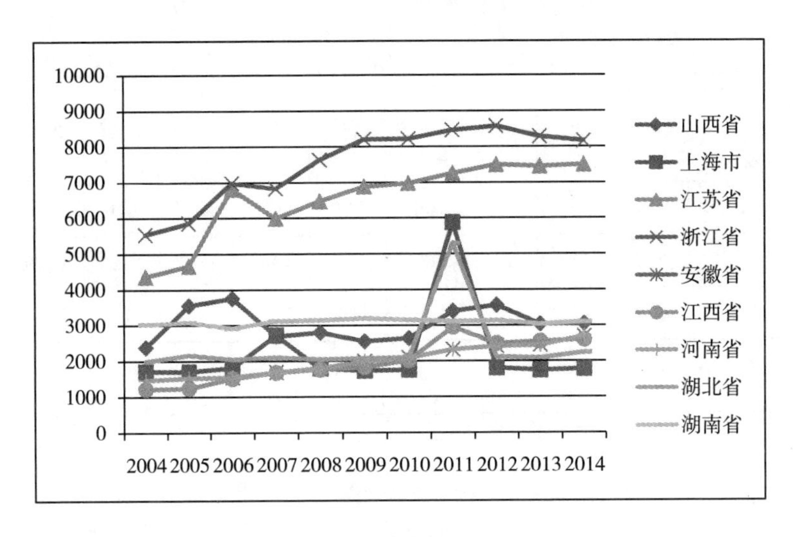

图 6－7　2004—2014 年安徽等省市的废水治理设施套数

地区废水治理设施处理能力反映了该地区水污染防治中废水治理行业的基本水平[4]。根据中国环境数据库，采集整理 2004—2014 年安徽等省市废水治理设施处理能力数据，见表 6－6 和图 6－8 所示。

可以看出，2014 年考察地区的废水治理设施处理能力提升迅速。相对于长三角来说，安徽 2014 废水治理设施处理能力领先于上海，落后于江苏和浙江。相对于中部其他省份来说，2014 年安徽废水治理设施数量处于下游水平，其处理能力也处于下游，位居中部第 5，仅领先于山西。

表 6－6　2004—2014 年废水治理设施处理能力　　单位：万吨/日

地区 \ 时间	2004	2005	2006	2007	2008	2009	2010	2011	2012	2013	2014
山西	425	566	695	646	817	703	798	1000	1013	804	754
上海	489	501	532	619	497	479	510	305	321	319	340
江苏	1680	1076	1268	1542	1563	1691	1801	3042	1953	1927	2051
浙江	704	771	1114	1130	1161	1182	1265	1422	1362	1425	1343
安徽	587	635	751	972	1000	1014	1064	903	1021	952	962
江西	371	341	284	459	456	620	597	747	811	1072	1108

（续表）

地区＼时间	2004	2005	2006	2007	2008	2009	2010	2011	2012	2013	2014
河南	1050	1080	1168	1084	1069	960	933	1224	970	1028	1179
湖北	756	912	859	879	930	951	1037	1322	1023	1029	1043
湖南	478	699	779	1061	1132	1154	1198	670	1122	1154	1243

数据来源：中国环境数据库

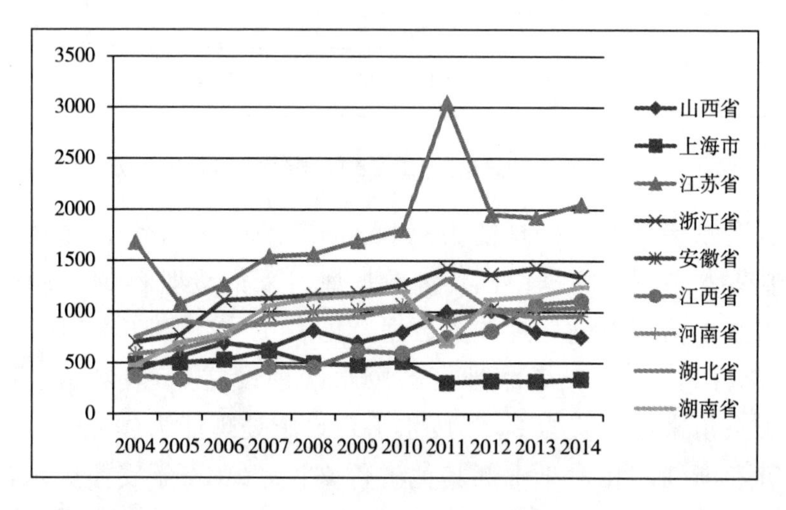

图 6－8　2004—2014 年安徽等省市废水处理设施处理能力

（二）工业废水治理设备行业

国民经济的持续发展，离不开工业的支持。工业生产过程中产生的废水、污水和废液，其中含有随水流失的工业生产用料、中间产物和产品以及生产过程中产生的污染物。随着工业的迅速发展，废水的种类和数量迅猛增加，对水体的污染也日趋广泛和严重，威胁人类的健康和安全。因此，对于保护环境来说，工业废水的处理比城市污水的处理更为重要。

地区工业废水治理设备行业发展是衡量一个地区水污染防治的一项重要指标。鉴于数据的可获得性和科学性，采集整理得到 2014 年安徽省等省市工业废水治理设施套数，如图 6－9 所示。可以看出，2014 年长三角两省一市的工业废水治理设施套数除上海市外均高于中部六省，且浙江省工业废水设施数最多（为 8158 套）。在中部六省中，安徽 2014 年的工业废水治理设施为 2692 套，为中部六省中的第四名。

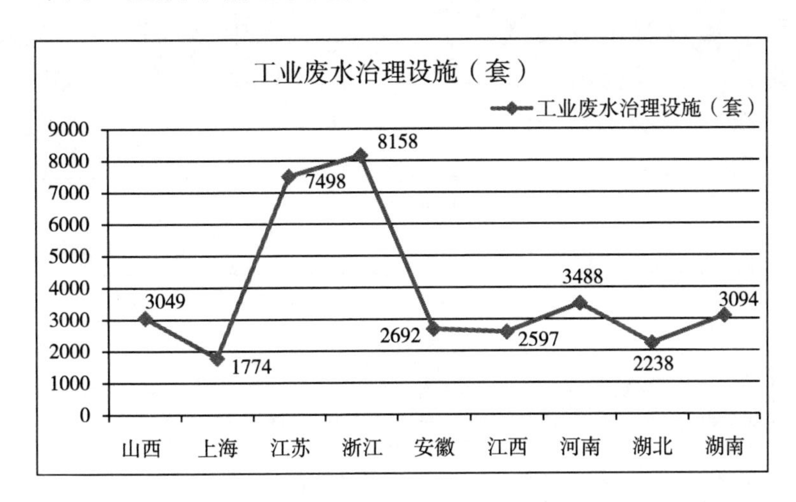

图 6－9　2014 年安徽等省市废水治理设施套数

从工业废水治理设施处理能力（图 6－10）方面来看，2014 年长三角的工业废水治理设施处理能力仍基本上全面高于中部六省（除上海市处理能力低于其他省），其中江苏省排名第 1（为 2050.8 万吨/日）。在中部六省中，安徽 2014 年工业废水设施处理能力为 962.2 吨/时，在中部排名第五位。

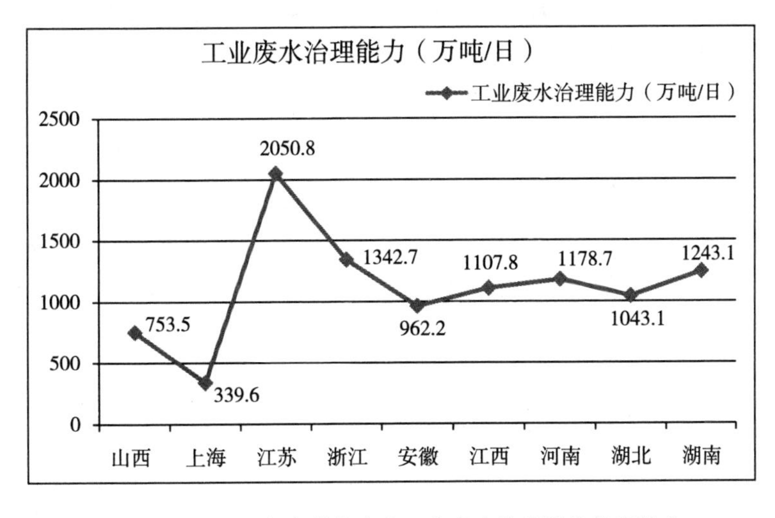

图 6－10　2014 年安徽等省市工业废水处理设施处理能力

从地区工业废水治理设施运行费用（图 6－11）方面来看，长三角两省一市的运行费用除上海市最低外，江苏和浙江全面高于中部六省，其中江苏省运行费用最高（777079 万元）。在中部六省中，安徽工业废水治理设施运行费用为 230107 万元，在中部排名第 3，高于湖南、江西和山西。

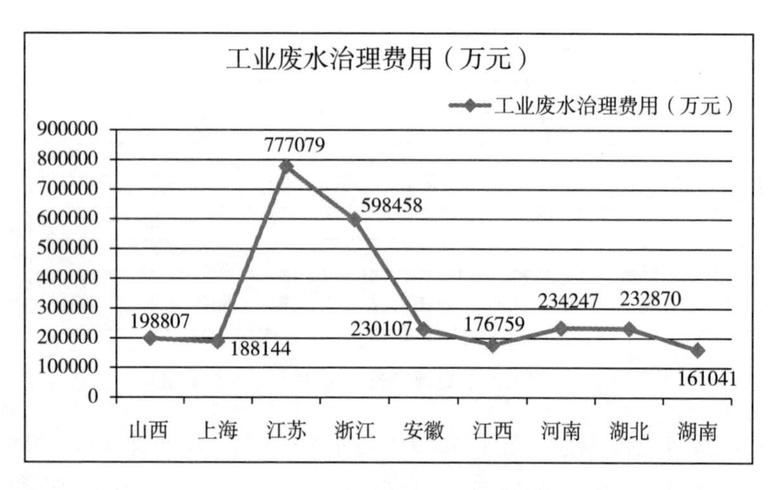

图 6－11　2014 年安徽等省市工业废水治理设施运行费用

（三）水环境监测设备行业

水环境监测设备行业发展也是衡量一个地区水污染防治的一项重要指标。鉴于数据的可获得性和科学性，选取地表水水质监测断面数来代表水环境监测设备行业的发展情况。

根据中国环境数据库，采集整理出 2007—2014 年安徽等省市地表水水质监测断面数见表 6－7 和图 6－12。可以看出，2007—2014 年间安徽省地表水水质监测断面数波动较小，仅在 2009 年达 558 个。对长三角两省一市而言，在样本期内，安徽地表水水质监测断面数始终低于江苏和浙江两省，与上海相比，2007 年地表水水质监测断面数数量相差不大，但到 2014 年安徽省的数量不到上海的二分之一。在中部六省中，2007—2014 年安徽地表水水质监测断面数始终多于山西省；与湖北省相比，在 2007 年有相差不多的地表水水质监测断面数，而在 2010 年后相对于湖北省明显的增长态势，安徽省地表水水质监测断面数变化平稳，在 300 个上下波动；与河南、江西和湖南三省相比，到

2014 年地表水水质监测断面数近乎相同。

表 6－7　2007—2014 年地表水水质监测断面数　　单位：个

地区＼时间	2007	2008	2009	2010	2011	2012	2013	2014
山西省		107	107	210	105	111	107	140
上海市	344	344	371	371	931	226	711	788
江苏省	1380	1672	1795	1589	1066	963	842	882
浙江省	929	966	951	937	814	717	703	637
安徽省	305	373	558	214	266	303	274	275
江西省	6	365	290	424	228	215	222	210
河南省	537	488	550	638	146	208	280	346
湖北省	317	338	330	464	431	488	498	559
湖南省	324	266	358	392	164	137	244	227

数据来源：中国环境数据库

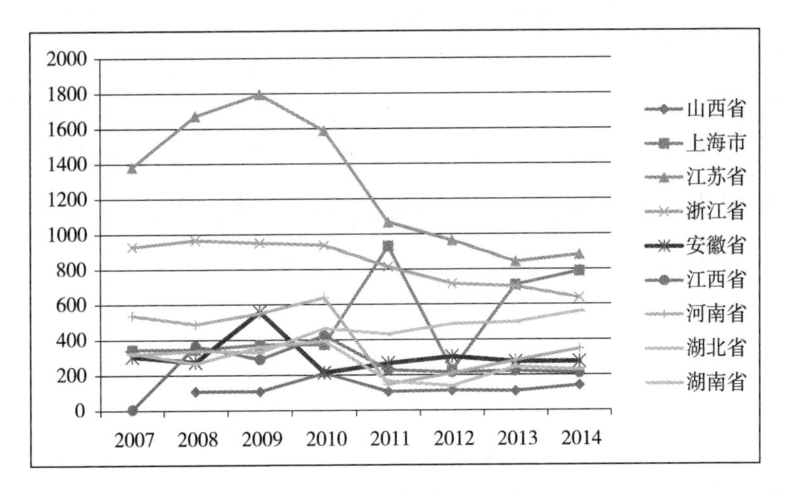

图 6－12　2007—2014 年安徽等省市地表水水质监测断面数

四、小结

随着国家环保新政的出台和环保要求的不断提高，水污染防治设备制造业的市场需求日益提升，各行业企业纷纷加大对环境保护基础设施的建设与投资力度，为水污染防治设备制造业的市场需求和产业发展带来了强劲动力。

从全国水污染防治设备制造业行业发展来看，设备总产量基本表现为逐年提升的态势，且呈现出“阶跃式”发展状态。其中，2006—2011年中国水污染防治设备制造业总产量基本处于5万台以下，而2012年及此后，国家对水污染的重视，推动了全国水污染防治设备制造业产量的提升，2014年水污染防治设备总产量迅速提升至20万台以上，2015年1—10月总产量则超过了16万台。从2014和2015年的月度数据的比较来看，2015年3—10月的水污染防治设备制造业的月度产量基本上高于2014年同月（除8月持平外），增长势头强劲。

安徽水污染防治设备制造业行业自2012年以来，设备总产量基本上呈现出持续上升态势，产量占全国比重自2014年以来基本稳定在2%左右。（1）相对于长三角的两省一市来说，2014—2015年各季度安徽水污染防治设备制造业总产量高于上海，但低于浙江、江苏。从占全国比重而言，安徽省水污染防治设备制造业产量占全国比重高于上海（安徽为2.32%，上海为0.43%），但落后于江苏（6.93%）和浙江（5.30%）。从增长率上来说，以2015年10月底来说，安徽同比增长率高于江苏省、浙江省（江苏省为3.25%，浙江省为－0.72%，两省基数较大，故同比增长率相对稍小），但低于上海（21.62%）。（2）相对于其他中部五省，2014—2015年各季度安徽水污染防治设备制造业产量低于河南省，与湖北相比，安徽省水污染防治设备产量全面高于湖北，但自2014年第二季度开始，湖北水污染防治设备制造业产量也是飞速提升，力追安徽，到2015年10月，湖北省2015年累计产量达到3276台，略低于安徽省产量。与湖南相比，2014年各季度产量全面低于湖南省，从2015年开始，超过湖南。从占全国比重来说，安徽省2014—2015年仍是全面超过湖北，2014年低于湖南，2015年超过湖南。单从2015年1—10月累计来看，安徽水污染防治设备制造业产量占全国比重在中部排名第2，仅落后于河南（第1，42.55%）。从增长率上来说，在中部六省中，2015年1—10月安徽累计同比增长率位列第1，略高于湖北省。因此，从设备产量角度而言，安徽的提升空间广阔且需要进一步加大提升力度。

从水污染防治设备制造业子行业来看，（1）在废水治理设备行业，样本期内安徽省废水治理设施生产总数相对稳定，但相对于长三角两省一市和中部其他省份来说，其行业规模数量近年来基本处于下游水平。2014 年安徽废水治理设施总数尚不足浙江的 3/10。从处理能力来说，相对于长三角来说，安徽 2014 废水治理设施处理能力领先于上海，落后于江苏和浙江。相对于中部其他省份来说，2014 年安徽废水治理设施数量处于下游水平，其处理能力也处于下游，位居中部第 5，仅领先于山西。（2）在工业废水治理设备行业，22014 年长三角两省一市的工业废水治理设施数除上海市外均高于中部六省，且浙江省工业废水设施数最多（为 8158 套）。在中部六省中，安徽 2014 年的工业废水治理设施为 2692 套，为中部次低，仅高于湖北。从运行总费用方面来看，在中部六省中，2014 年安徽工业废水治理设施运行费用为 230107 万元，在中部排名第 3，高于湖南、江西和山西。（3）在水环境监测设备行业，安徽地表水水质监测断面数始终低于江苏和浙江两省，到 2014 年安徽省的数量不到上海市的二分之一。在中部六省中，2007－2014 年安徽地表水水质监测断面数始终多于山西省；与湖北省相比，2010 年后相对于湖北省明显的增长态势，安徽省地表水水质监测断面数变化平稳；与河南、江西和湖南三省相比，到 2014 年地表水水质监测断面数近乎相同。总体而言，在三个子行业中，安徽在废水治理和工业废水治理设备行业上，在中部基本上位处下游水平，但水环境监测设备行业在中部处于中游水平。

参考文献

[1] 中国生态文明网.
[2] 国家环境保护部网站.
[3] 安徽省人民政府信息公开网.
[4] 安徽省发改委、安徽省环保厅、安徽省农委、安徽省林业厅等政府网站.
[5] 安徽省环境保护厅.绿色视野，2016年各期.
[6] 张欢，成金华.湖北省生态文明评级指标体系与实证评价［J］.南京林业大学学报，2013，(3).
[7] 高珊，黄贤金.基于绩效评价的区域生态文明指标体系构建——以江苏省为例［J］.经济地理，2010，(5).
[8] 梁文森.生态文明指标体系问题［J］.经济学家，2009，(3).
[9] 王会，王奇等.基于文明生态化的生态文明评价指标体系研究［J］.中国地质大学学报，2012，(3).
[10] 申志东.运用层次分析法构建国有企业绩效评价体系［J］.审计研究，2013，(2).
[11] 邓雪，李家铭等.层次分析法权重计算方法分析及其应用研究［J］.数学的实践及认识，2012，(7).
[12] 陆添超，康凯.熵值法和层次分析法在权重确定中的应用［J］.电脑编程技巧与维护，2009，(22).
[13] 北京林业大学生态文明研究中心ECCI课题组，严耕.中国省级生态文明建设评价报告［J］.中国行政管理，2009，(11).
[14] 单薇，方茂中.基于主成分构建生态补偿效益评价模型［J］.河南科学，2009 (11).
[15] 郭玮，李炜.基于多元统计分析的生态补偿转移支付效果评价［J］.经济问题，2014 (11).
[16] 李斌.区域生态补偿绩效评估研究［D］.大连：大连理工大学，2015.
[17] 李文，宋华.安徽省生态建设投融资机制创新研究［J］.安徽农业科学，2016 (4).
[18] 马庆华，杜鹏飞.新安江流域生态补偿政策效果评价研究［J］.中国环境管理，2015 (3).
[19] 谭映宇，刘瑜，马恒，等.浙江省生态补偿的实践与效益评价研究［J］.环境科学与管理，2012 (05).
[20] 魏尉.江苏省生态文明建设绩效评价研究［D］.南京：南京林业大学，2014.

[21] 张应松．一泓清流润江淮——安徽省大别山区水环境生态补偿机制运行情况调查［J］．环境教育，2016（4）．

[22] 马建华．推进水生态文明建设的对策与思考［J］．中国水利，2013（10）．

[23] 王文珂．水生态文明城市建设实践思考［J］．中国水利，2012（23）．

[24] 水利部．关于加快推进水生态文明建设工作的意见［R］．2013.

[25] 詹卫华，赵玉宗，汪升华．水生态文明城市建设的国际经验与借鉴［J］．中国水利，2016（3）．

[26] 肖家鑫．水生态文明城市建设济南率先通过试点验收［N］．人民日报，2016－11－9.

[27] 李小梦．我市 3 年投资 309 亿元建设水生态文明城市［N］．济南日报，2016－11－8.

[28] 傅春，刘杰平．河湖健康与水生态文明实践［M］．北京：中国水利水电出版社，2016.

[29] 张晓．中国水污染趋势与治理制度［J］．中国软科学，2014（10）．

[30] 马乐宽，王金南，王东．国家水污染防治“十二五”战略与政策框架［J］．中国环境科学，2013（2）．

[31] 陈雯．中国水污染治理的动态 CGE 模型构建与政策评估研究［D］．长沙：湖南大学，2012.

[32] 张伟，王金南，蒋洪强，徐敏，徐顺青，吴舜泽．《水污染防治行动计划》实施的宏观经济影响分析［J］．中国环境管理，2015（6）．